사진 & 일러스트로 보는 꿈의 자동차 기술 **Motor Fan** illustrated

Motor Fan

illustrated Vol. **35**

NOx 공략 123
디젤은 끝나지 않았다

- NOx란?
- NOx를 배출하지 않는 기술
- 앞으로의 NOx 공략방법
- 디젤을 진화시키는 기술
- 보쉬사의 NOx 감축 솔루션
- 캐탈라의 배출가스 후처리 시스템
- 덴소의 연료분사시스템

GoldenBell

004 도해특집 NOx 공략 1·2·3!

006 **THE NITROGEN OXIDES REDUCTION METHODS 1.   NOx란 무엇인가?**

006 **배출물 규제의 역사**   내연기관의 패러다임 시프트와 배출가스 규제의 반세기

010 COLUMN   당사자의 증언 – 닛산자동차의 1978년 배출가스 규제에 대한 대처

016 **NOx는 왜 만들어지나 대기 속에서 Nox는 무엇을 하나**

022 COLUMN   자동차에서 나오는 NOx는 극적으로 줄었다. 자동차는 CO_2 감축에서도 우등생

025 **THE NITROGEN OXIDES REDUCTION METHODS 2.   NOx를 배출하지 않는 기술**

025 **기존개념을 깨다**   마쯔다 스카이액티브의 배출가스 대책

032 **모터사이클과 촉매**   야마하 발동기한테서 듣는 이륜차의 배출가스 대책

035 **NOx와의 다툼, 가격과의 전쟁**   촉매의 현재와 과제 – 캐탈라(CATALER)

040 COLUMN   촉매는 1만 6천 종류 이상 금액으로 자동차용이 60%

042 **THE NITROGEN OXIDES REDUCTION METHODS 3.   NOx 앞으로의 전망**

042 **「RDE 대책」은 가능할까**   앞으로의 NOx 공략방법

Motor Fan illustrated *Special Edition*

CONTENTS

050 도해특집 디젤은 끝나지 않았다

052 **INTRODUCTION 1** 　배출 감축 「디젤 의존」이 강했다

054 　　　　궁극적인 것은 배기가스가 없는 BEV이지만 …

056 **INTRODUCTION 2** 　AVL이 그리는 "제로 임팩트"

060 **INTRODUCTION 3** 　실제도로 위의 RDE 실시로 「최악의 상황」을 시뮬레이션

064 **INTRODUCTION 4** 　전 세계적으로 본 디젤엔진

066 **DETAIL 1** 　디젤을 진화시키는 기술

case1 　배기가스 후처리 시스템

068 [**#01**] 　NOx 배출량을 저감하는 새로운 디젤기술 −보쉬−

072 [**#02**] 　세계 최초의 NOx 정화용 촉매「HC−SCR」−캐탈라−

case2 　연료분사장치

076 [**#02**] 　디젤 연료기술에 필수가 된 i−ART −덴소0

080 **DETAIL 2** 　[자동차 제조사의 동향]

080 [**마쯔다 스카이액티브−D**] 　스카이액티브−D 「배기량&압축비」 높인 이유

087 [**TOYOTA − 1GD/2GD−FTV**] 　세계 각국의 수요에 대응할 수 있는 당찬 설계

091 [**VW/메르세데스 벤츠/BMW**] 　뉴 디젤 전략

093 [**유럽과 일본의 디젤엔진 카탈로그**]

099 **DETAIL 3** 　[상용차의 현재 상태]

099 [**CASE 1 − 이스즈**] 　소형 트럭에 투입된 최신예 디젤 엔진

104 [**CASE 2 − 스카니아**] 　실린더마다 독립된 모듈시스템이 신뢰를 낳는다.

108 [**CASE 3 − 토요타자동직기**] 　승용차 동력과 비슷하면서도 다른 건설기계의 동력

113 [**CASE 4 − 야마하**] 　산업용과 농기계용 디젤에서 혁신을 계속하는 기술 제조사

116 **COLUMN** 　최신 테스트 벤치를 통한 고압 인젝터의 정량 진단

118 **EPILOGUE** 　디젤 엔진의 가까운 미래

NOx

공략 1·2·3!

ILLUSTRATION FEATURE_

NOx REDUCTION METHODS

폭스바겐 게이트에서 시작된 문제의 배출가스로 NOx가 주목 받고 있다.

이 문제에 관한 전말은 지금까지 본지에서도 몇 번이나 다루면서 어디에 시시비비가 있는지 고찰해 왔다.

그런데 NOx라는 물질에 관해서 아직껏 상세히 파들어 가본 적이 없다.

이 물질은 어떤 엔진을 운전하든 발생하는 것일까.

이 물질은 발생한 뒤에 어떤 방법으로 무해하게 만들 수 있을까.

이 물질은 대체 왜 인간이나 환경에 유해하다는 것일까.

본 특집에서는 NOx=질소산화물이라는 물질에 대해 정확하게 이해하는

동시에 자동차의 배출가스 규제를 올바로 파악하기 위해서서 힘썼다.

가까운 미래에 도입될 것으로 예상되는 RDE(Real Driving Emission)에서는

NOx의 배출량 증가를 어떻게 다루게 될까.

미래를 포함해서 고찰해 보겠다.

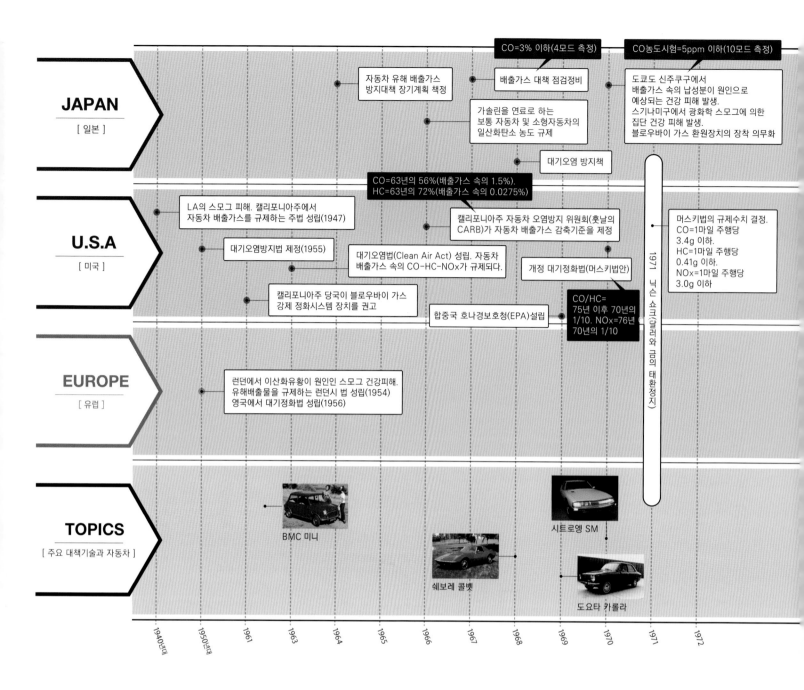

JAPAN
[일본]

CO=3% 이하(4모드 측정)

CO농도시험=5ppm 이하(10모드 측정)

자동차 유해 배출가스
방지대책 장기계획 책정

배출가스 대책 점검정비

도쿄도 신주쿠구에서
배출가스 속의 납성분이 원인으로
예상되는 건강 피해 발생.
스기나미구에서 광화학 스모그에 의한
집단 건강 피해 발생.
블로우바이 가스 환원장치의 장착 의무화

가솔린을 연료로 하는
보통 자동차 및 소형자동차의
일산화탄소 농도 규제

대기오염 방지책

U.S.A
[미국]

CO=63년의 56%(배출가스 속의 1.5%).
HC=63년의 72%(배출가스 속의 0.0275%)

LA의 스모그 피해. 캘리포니아주에서
자동차 배출가스를 규제하는 주법 성립(1947)

캘리포니아주 자동차 오염방지 위원회(훗날의
CARB)가 자동차 배출가스 감축기준을 제정

머스키법의 규제수치 결정.
CO=1마일 주행당
3.4g 이하.
HC=1마일 주행당
0.41g 이하.
NOx=1마일 주행당
3.0g 이하

대기오염방지법 제정(1955)

대기오염법(Clean Air Act) 성립. 자동차
배출가스 속의 CO-HC-NOx가 규제되다.

개정 대기정화법(머스키법안)

1971 닉슨 쇼크(달러와 금의 태환정지)

캘리포니아주 당국이 블로우바이 가스
강제 정화시스템 장치를 권고

합중국 호나경보호청(EPA)설립

CO/HC=
75년 이후 70년의
1/10. NOx=76년
70년의 1/10

EUROPE
[유럽]

런던에서 이산화유황이 원인인 스모그 건강피해.
유해배출물을 규제하는 런던시 법 성립(1954)
영국에서 대기정화법 성립(1956)

TOPICS
[주요 대책기술과 자동차]

BMC 미니

시트로엥 SM

쉐보레 콜벳

도요타 카롤라

1940년대 | 1950년대 | 1961 | 1963 | 1964 | 1965 | 1966 | 1967 | 1968 | 1969 | 1970 | 1971 | 1972

Illustration Feature

1

THE NITROGEN
OXIDES
REDUCTION
METHODS

NOx
무엇인가?

⊙→ 배출가스 규제의 역사

내연기관의 패러다임 시프트와
배출가스 규제의 반세기

머스키법부터 RDE까지, 배출가스 규제의 역사를 조망

19세기 후반에 내연기관이 발명된 이후, 그 기술적 과제는 항상 고출력과 신뢰성의 확보였다.
그러다 1970년대에 들어오면 당시의 기술자들이 생각하지도 못했던 어려운 문제가 기다린다.
바로 배출가스 규제. 자동차 엔진 역사의 후반을 혼란에 빠트린, 사회와 테크놀로지의 밀당을 돌아보겠다.

본문 : MFi 연표작성협력 : 마키노 시게오/사와무라 신타로

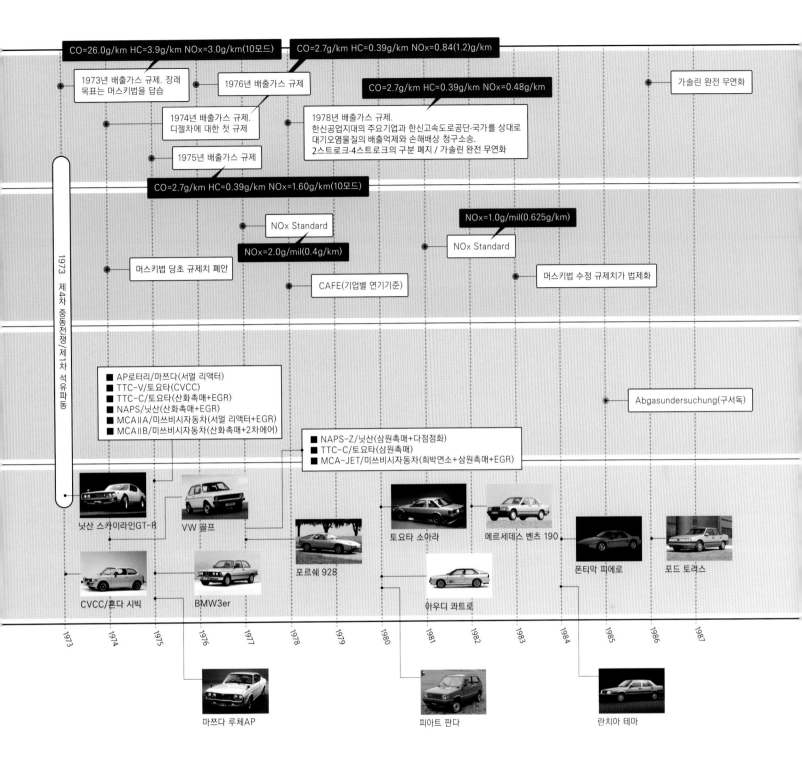

　자동차에서 배출되는 배출가스 말고도 배출가스에 대한 피해의 역사는 상당히 오래되었다. 14세기 영국 런던에서 이미 대기오염이 발생했다는 보고도 있다. 나중에 「스모그(Smoke와 Fog의 합성어)」로 불리게 된 이 대기오염은 난방용 석탄을 태우면서 발생한 아황산가스가 원인으로 추정된다. 연료에 함유된 유황성분이 연소·산화하여 발생하는 이황화유황(二硫化硫黃)은 현재도 다 제거되지 않는 유해물질로서, 연료에서 황성분을 제거하는 탈유황 연료의 보급은 특히 경유에서 아직도 주요 과제로 남아 있다.

　난방용 석탄에서 시작된 대기오염은 현재도 중국에서 문제시될 정도로 뿌리가 깊지만 이것이 추울 때 밤에 집중적으로 일어나는 현상인데 반해, 제2차 세계대전 전후에 선진공업국에서 발생한 스모그는 더울 때 낮에 피해를 가져왔다. 눈이 따끔거리고, 목이 아픈 신체 증상

은 질소산화물이 태양광에 함유된 단파 자외선과 반응해서 일어나는 「광화학 스모그」 때문이다. 이 광화학 스모그는 1940년대부터 관측되다가 1950년대 후반에 그 발생 메커니즘이 분석된다.

　발생 시간과의 상관관계를 조사했더니 대량의 자동차가 단시간에 집중적으로 운전되는 것이 주요 원인으로 알려지면서, 특히 피해가 심했던 미국 캘리포니아주에서는 자동차 배출가스 레벨을 대폭 낮추라는 목소리가 높아졌다(그 이전에 미연소 연료의 휘발에 의한 HC 발생을 방지하기 위해서 캐니스터 장착, 블로바이 가스의 재연소 같은 대책은 시작되었다). 그런 목소리의 최전선에 있었던 사람이 에드먼드 머스키 상원의원으로, 그가 제안한 법안인 일명 머스키법이 1970년에 상원에서 가결되면서 오늘날에 이르는 배출가스 규제의 효시가 된다(머스키법 자체는 대기정화법·Clean Air Act의 개정법안).

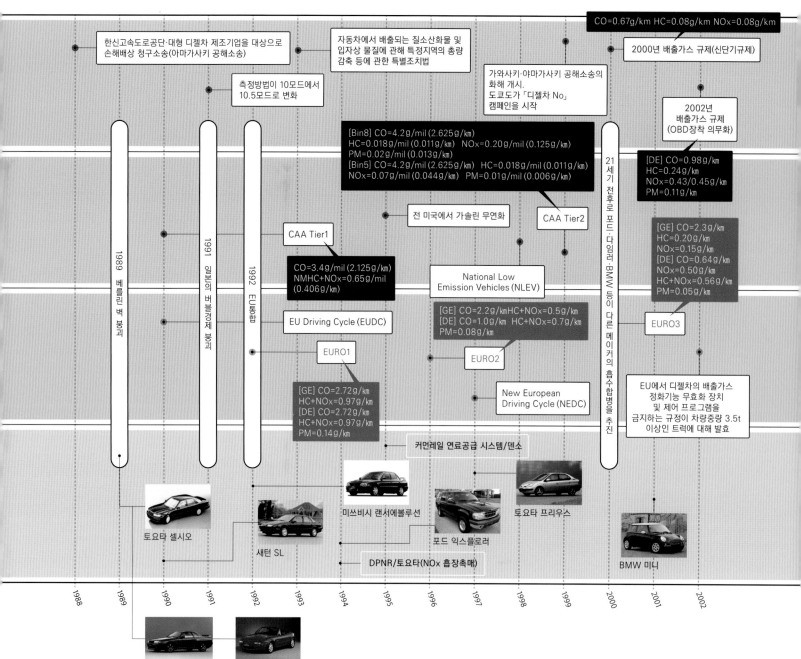

CO=0.67g/km HC=0.08g/km NOx=0.08g/km

한신고속도로공단·대형 디젤차 제조기업을 대상으로 손해배상 청구소송(아마가사키 공해소송)

자동차에서 배출되는 질소산화물 및 입자상 물질에 관해 특정지역의 총량 감축 등에 관한 특별조치법

2000년 배출가스 규제(신단기규제)

측정방법이 10모드에서 10.5모드로 변화

가와사키·야마가사키 공해소송의 화해 개시. 도쿄도가 「디젤차 No」 캠페인을 시작

2002년 배출가스 규제 (OBD장착 의무화)

[Bin8] CO=4.2g/mil (2.625g/km) HC=0.018g/mil (0.011g/km) NOx=0.20g/mil (0.125g/km) PM=0.02g/mil (0.013g/km)
[Bin5] CO=4.2g/mil (2.625g/km) HC=0.018g/mil (0.011g/km) NOx=0.07g/mil (0.044g/km) PM=0.01g/mil (0.006g/km)

[DE] CO=0.98g/km HC=0.24g/km NOx=0.43/0.45g/km PM=0.11g/km

전 미국에서 가솔린 무연화

CAA Tier2

1989 베를린 벽 붕괴

1991 일본의 버블경제 붕괴

1992 EU통합

CAA Tier1

CO=3.4g/mil (2.125g/km) NMHC+NOx=0.65g/mil (0.406g/km)

National Low Emission Vehicles (NLEV)

[GE] CO=2.3g/km HC=0.20g/km NOx=0.15g/km
[DE] CO=0.64g/km NOx=0.50g/km HC+NOx=0.56g/km PM=0.05g/km

EU Driving Cycle (EUDC)

[GE] CO=2.2g/kmHC+NOx=0.5g/km [DE] CO=1.0g/km HC+NOx=0.7g/km PM=0.08g/km

EURO3

EURO1

EURO2

21세기 전후로 포드·다임러·BMW 등이 다른 메이커의 흡수합병을 추진

[GE] CO=2.72g/km HC+NOx=0.97g/km [DE] CO=2.72g/km HC+NOx=0.97g/km PM=0.14g/km

New European Driving Cycle (NEDC)

EU에서 디젤차의 배출가스 정화기능 무효화 장치 및 제어 프로그램을 금지하는 규정이 차량중량 3.5t 이상인 트럭에 대해 발효

커먼레일 연료공급 시스템/덴소

미쓰비시 랜서에볼루션

토요타 프리우스

토요타 셀시오

포드 익스플로러

BMW 미니

새턴 SL

DPNR/토요타(NOx 흡장촉매)

1988 1989 1990 1991 1992 1993 1994 1995 1996 1997 1998 1999 2000 2001 2002

닛산 스카이라인 GT-R 유노스 로드스터

3가지 유해물질인 CO(일산화탄소)·HC(탄화수소)·NOx(질소산화물)을 1970년 레벨의 1/10까지 낮추자는 과감한 개혁안은 세계 각국으로 파급되었고, 일본도 머스키법을 그대로 따르는 형태로 1978년 배출가스 규제 도입을 결정하였다.

CO와 HC는 연료를 완전히 산화·연소시키면 무해화 할 수 있으므로 연소개선과 산화촉매로 달성이 가능해 보였다. 그러나 NOx는 연료를 고온에서 완전 연소시키면 반대로 많이 발생하기 때문에 CO·HC 처리와 상반될 뿐만 아니라, NOx에서 산소 분자를 분리하는 환원촉매는 당시 실용화될 전망이 없었으므로 전 세계 어떤 자동차 회사도 3가지 물질을 동시에 1/10만큼 줄일 수 있는 기술을 갖고 있지 않았다.

머스키법 실시를 앞두고 최초로 개발된 배출가스 대책 엔진은 혼다의 CVCC로서, 부실(副室)에서 농후한 혼합기를 먼저 착화시킨 뒤, 그것을 주연소실로 유도해 아주 희박한 혼합기로 연소시킴으로써 연소온도를 낮추는 방식이었다. 디젤 엔진의 운전에 가까운 CVCC는 획기적이어서 토요타 자동차공업도 특허를 취득해서 채택했다. 그러나 연소온도의 지연으로 인한 저출력을 피할 수 없었다. 유력한 방법 가운데 하나로 주목 받았던 서멀 리액터 방식도 아주 농후한 혼합기로 연소온도를 낮춘 다음 2차 공기로 재연소하기 때문에 연비가 악화되는 폐해가 있었다(각종 대책방법에 관해서는 다음 장을 참조).

당초 1976년에 실행될 예정이었던 일본판 머스키법은 모든 메이커가 7전8기의 자세로 임했지만 대책이 수립되지 않아 실시까지 2년이 연기되었다. 그러는 동안 NOx 대책의 결정적 방법으로 기대 받았던 환원촉매 실용화가 가시권에 들어오면서 촉매를 작동시키는데 필수적인 상시 이론공연비 운전이나, 전자제어 인젝션 개발이 빠르게 진행되면서 몇 년 전까지만 해도 그 누구도 불가능하다고 생각했던 혹독한 배출가스 규제를 통과할 수 있게 된 것이다. 동시에 가솔린에

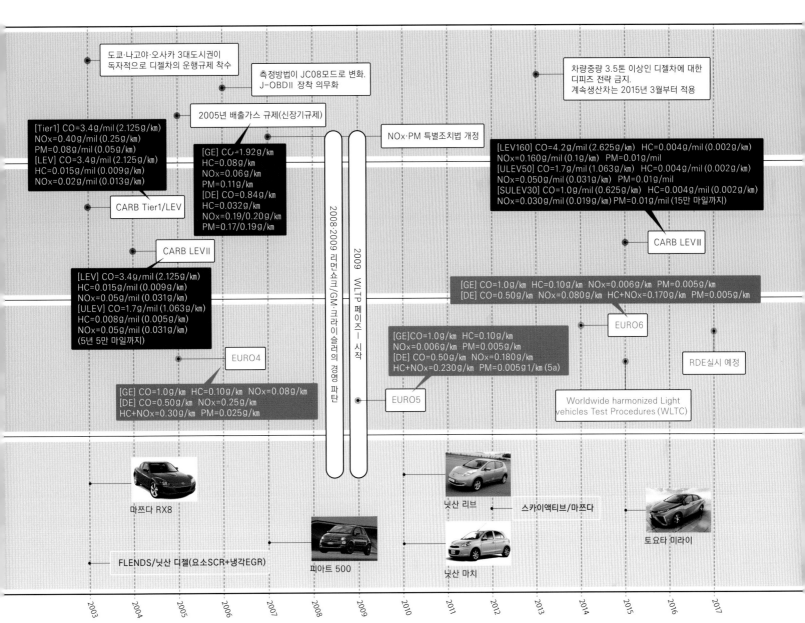

도쿄·나고야·오사카 3대도시권이 독자적으로 디젤차의 운행규제 착수

측정방법이 JC08모드로 변화. J-OBDII 장착 의무화

차량중량 3.5톤 이상인 디젤차에 대한 디피즈 전략 금지. 계속생산차는 2015년 3월부터 적용

2005년 배출가스 규제(신장기규제)

NOx·PM 특별조치법 개정

[Tier1] CO=3.4g/mil (2.125g/km)
NOx=0.40g/mil (0.25g/km)
PM=0.08g/mil (0.05g/km)
[LEV] CO=3.4g/mil (2.125g/km)
HC=0.015g/mil (0.009g/km)
NOx=0.02g/mil (0.013g/km)

[GE] CO=1.92g/km
HC=0.08g/km
NOx=0.06g/km
PM=0.11g/km
[DE] CO=0.84g/km
HC=0.032g/km
NOx=0.19/0.20g/km
PM=0.17/0.19g/km

[LEV160] CO=4.2g/mil (2.625g/km) HC=0.004g/km (0.002g/km)
NOx=0.160g/mil (0.1g/km) PM=0.01g/mil
[ULEV50] CO=1.7g/mil (1.063g/km) HC=0.004g/km (0.002g/km)
NOx=0.050g/mil (0.031g/km) PM=0.01g/mil
[SULEV30] CO=1.0g/mil (0.625g/km) HC=0.004g/km (0.002g/km)
NOx=0.030g/mil (0.019g/km) PM=0.01g/mil (15만 마일까지)

CARB Tier1/LEV

CARB LEVⅢ

CARB LEVII

[LEV] CO=3.4g/mil (2.125g/km)
HC=0.015g/mil (0.009g/km)
NOx=0.05g/mil (0.031g/km)
[ULEV] CO=1.7g/mil (1.063g/km)
HC=0.008g/mil (0.005g/km)
NOx=0.05g/mil (0.031g/km)
(5년 5만 마일까지)

[GE] CO=1.0g/km HC=0.10g/km NOx=0.006g/km PM=0.005g/km
[DE] CO=0.50g/km NOx=0.080g/km HC+NOx=0.170g/km PM=0.005g/km

EURO6

EURO4

[GE] CO=1.0g/km HC=0.10g/km NOx=0.08g/km
[DE] CO=0.50g/km NOx=0.25g/km
HC+NOx=0.30g/km PM=0.025g/km

[GE]CO=1.0g/km HC=0.10g/km
NOx=0.006g/km PM=0.005g/km
[DE] CO=0.50g/km NOx=0.180g/km
HC+NOx=0.230g/km PM=0.005g1/km (5a)

EURO5

RDE실시 예정

Worldwide harmonized Light vehicles Test Procedures (WLTC)

2008·2009 리먼쇼크/GM·크라이슬러의 경영 파탄

2009 WLTP 페이즈Ⅰ 시작

마쯔다 RX8

닛산 리브

스카이액티브/마쯔다

토요타 미라이

FLENDS/닛산 디젤(요소SCR+냉각EGR)

피아트 500

닛산 마치

2003 2004 2005 2006 2007 2008 2009 2010 2011 2012 2013 2014 2015 2016 2017

※ 표 안의 배출가스 규제값 구분은 각 지역의 일반적인 소형승용차에 통용되는 것을 추출.
[GE]=가솔린차 [DE]=디젤차

포함된 4에틸납이 인체에 유해할 뿐만 아니라 촉매를 오염시킨다는 점이 밝혀졌기 때문에 유연납 가솔린도 판매가 단계적으로 금지되었다.

일의 발단이 된 머스키법은 결국 실시가 연기되고, 일본 자동차 회사만 배출가스 대책과 관련된 노하우와 그 과정에서 연소이론 축적이라는 무기를 얻게 되었다. 이 같은 성과는 동 시대의 석유파동이 계기가 된 저연비 대책에도 유효하다는 것을 알게 되었고, 이후 일본산 엔진은 비약적인 발전을 이루었다.

1978년 규제 이후, 세세한 개정이 뒤따르긴 했지만 배출가스 기준은 약 20년 동안 변함이 없었다. 하지만 머스키법이 유야무야해진 미국에서는 EPA(환경보호청)과 CARB(캘리포니아 대기자원국)가 각각 독자적인 배출가스 규제를 진행하게 되고, 각국마다 대응이 제각각이었던 유럽에서도 EU통합을 향해 통일기준을 만들려는 움직임이 일기 시작했다. 특히 문제가 된 것은 삼원촉매로도 제거가 되지 않는,

유럽에서 점유율을 높여가던 디젤 엔진에서는 사실상 방치 상태였던 NOx였다. 지구온난화의 주요 원인인 CO_2 감축 흐름과 궤를 같이 하면서 21세기에 들어오자 배출가스 규제는 세계적으로 새로운 단계로 진입하였다.

NOx는 현재도 완전한 제거가 곤란한 상태로서, 항상 산소과다 상태로 운전하는 디젤 엔진에서는 더욱 장벽이 높다. 또 VW 디젤 게이트로 생각지도 않게 부각된 오프 사이클에서의 배출을 어떻게 해야 할 지에 대한 문제가 있다. 우리가 엔진과 관련한 취재를 할 때마다 기술자들로부터 「RDE는 결국 어떻게 되느냐」는 역질문을 받는 사실은 위기감과 혼돈된 상황의 표출이라고 할 수 있을 것이다.

이번 호에서는 1970년대 이후의 위기적 상황이라 할 수 있는 21세기의 배출가스 대책과 그 주요 원인인 NOx에 대해 과거와 현재 그리고 미래까지 들여다보겠다.

특별기고

당사자의 증언

닛산자동차의 1978년 배출가스 규제에 대한 대처

머스키법에 바탕을 둔1978년 배출가스 규제는 일본의 자동차 메이커를 궁지에 몰아넣었다.
당시 기술로는 넘어서기 불가능하다고 여겨졌던 장벽을 닛산은, 오늘날 정화 시스템의 바탕을 이루고 있는
삼원촉매와 공연비 제어, EGR을 내세워 극복했던 것이다.

본문 : 이시다 요시유키 사진 : 닛산 자료제공 : 하야시 요시마사

닛산자동차는 모든 일본 자동차 메이커와 함께 1978년 배출가스 규제에 대처하게 되었다. 그 역사와 채택한 기술에 대해서 간단히 되돌아볼까 한다. 그리고 NAPS라고 하는 것은 닛산의 1975년 배출가스 대책 이후 시스템에 붙인 약칭으로서, Nissan Anti Pollution System의 머리글자를 딴 것이다.

배출가스 규제는 1960년대부터 제정되었지만 1970년에 미국에서 머스키 상원의원이 의회에 제출해 제정된, 소위 말하는 머스키법안 이후, 북미의 배출가스 규제는 그때까지와는 비교할 수 없을 정도로 강화되었다. 이런 북미의 움직임에 동조해 유럽이나 일본에서도 이 머스키법에 필적할 만한 강력한 배출가스 규제가 각 나라의 사정에 맞는 시험 패턴과 규제값으로 만들어졌다.

북미의 머스키법안 등에 기초하는 강력한 배출가스 규제가 도입된 1970년대는 자동차 메이커에 있어서 시련의 시대였기도 하지만, 이 배출가스 규제를 넘어선 이후에는 축적한 기술을 바탕으로 기술적 도약의 토대를 갖추게 되었다.

가솔린 엔진차에는 1966년부터 아이들링 때의 일산화탄소에 대해

농도 규제를 시작하게 되고, 1973년부터는 10모드를 통한 CO·HC·NOx 배출량의 중량규제를 시작하였다. 테일 파이프에서 배출되는 유해물질 이외에 대해서도 1970년부터는 블로바이 가스 환원장치의 장착이, 1972년부터는 연료 증발가스 배출 억제장치 장착이 의무화되었다.

그 후 1975년부터 북미 머스키법을 따른 본격적인 배출가스 규제가 신형차량부터 도입되었다. 뒤에서 설명할, 대책이 어려웠던 질소산화물에 대해서는 단계적으로 1975년→1976년→1978년으로 규제값이 심해져 갔다. 비교적 대책을 세우기가 쉬웠던 CO나 HC에 대해서는 1975년 당초부터 최종적인 규제값이 적용되었다.

현재의 눈으로 보면 1973년의 규제값이 상당히 여유가 있어 보이지만, 당시로서는 맞추기가 상당히 어려웠던 것 같다. 어쨌든 그때까지는 실질적으로 배출가스 규제가 아이들링 때의 CO 농도 정도에 불과했지만, 10모드 주행으로 CO·HC·NOx의 주행거리 당 배출량이 규제 받게 된 것이다. 특히 농후한 혼합비로 운전했던 솔렉스(SOLEX)나 웨버(WEBER)의 다연 카뷰레터를 적용해 DOHC 엔진을 탑재한 스포츠카 성능이 직격탄을 맞았다.

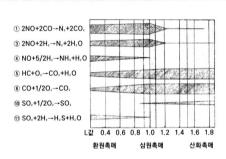

λ값과 촉매 안에서의 산화환원 반응

λ(공기과잉률) 즉 산소농도에 따라 연소로 인해 발생한 물질이 촉매에서 어떻게 반응하는지를 나타낸 그림. NOx는 삼원촉매가 아니면 정화할 수 없다는 것을 알 수 있다. 산화반응과 환원반응을 조합해 보면 이론공연비 전후로 정화되는 삼원촉매의 우위성을 알 수 있다.(그림은 전부 하야시 요시마사씨가 소장하고 있던 1977년 당시의 연구자료)

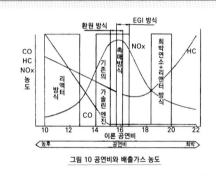

공연비와 배출가스 농도

공연비 변화에 따른 CO·HC·NOx 발생량과 적합한 배출가스 대책방법의 관계성을 나타낸 그래프. 이론공연비보다 약간 희박한 부분에서 NOx 발생값이 최대인데 반해, CO와 HC 발생은 적어진다. EGI로 공연비를 이론공연비 전후로 조종하고, 발생하는 NOx는 환원촉매로 억제한다는 방법의 이론적 근거를 엿볼 수 있다.

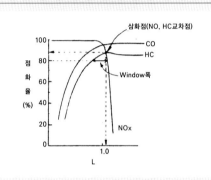

삼원촉매의 삼원점 정화율과 Window 폭

3가지 유해물질 각각의 정화율(淨化率)과 1.0 부근에서 교차하는 교차점이 삼원점. 정화율 80%에서 NO와 HC의 정화율 곡선 간격이 Window 폭. 삼원점에서의 정화율이 높고 Window 폭이 넓은 것이 고성능 촉매이다.

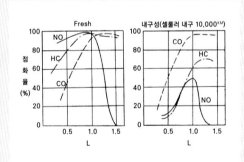

백금(Pt)의 삼원특성

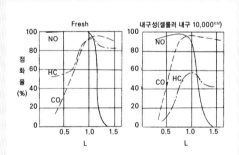

로듐(Rd)의 삼원특성

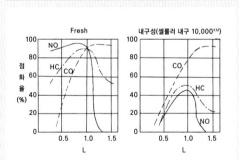

팔라듐(Pd)의 삼원특성

백금·로듐·팔라듐의 정화율과의 관계를, 신품과 1만km 주행 전후로 비교한 그래프. NO는 로듐이 HC는 백금의 정화율이 높지만 단일 물질일 때는 내구성에 편차가 나타나므로, 백금과 로듐을 조합한 상태에서 백금 비율을 높이는 것이 좋다는 결론을 내리고 있다. 로듐은 백금 산출량의 1/20밖에 안 되기 때문에 공급측면까지 고려한 기술(記述)도 있다. 백금보다 싼 팔라듐은 내구성에 문제가 있다고 파악. 현재는 연료가 차단될 때의 과잉 산소 상태에서 효과가 약해진다고 해서 백금을 사용하지 않고 있다.

1973년에 발매된 2세대 스카이라인 GT-R(KPGC110)은 불과 197대만 생산되었을 정도로 1973년의 배출가스 규제를 맞추지 못하고 생산이 중지되었다. 이 엔진을 개발했던 필자의 선배 말에 따르면 전자제어 연료분사 등을 사용하는 식으로 최선의 노력을 기울였으나, 마지막에는 GT-R에 어울리는 성능과 배기성능의 양립을 도저히 맞추지 못하면서 개발을 포기했다는 것이다. 그러나 다른 눈으로 보면 KPGC110으로는 이미 당시의 투어링 카 레이스를 이겨낼 만한 전투력은 없었던 것처럼 여겨지므로, 항상 이기기만 했던 GT-R의 명예를 위해서는 그 정도에서 물러나는 것이 잘 됐다고 해야 할지도 모른다.

일반적인 양산 가솔린 엔진은 혼합비나 점화시기 조정, 배기에 대한 2차 공기도입 등의 기술을 통해 1973년 규제에 대응했다. 다소의 운전성이나 연비는 희생되었지만 최고 출력은 확보할 수 있었다.

그러나 1978년 규제 때는 이런 잔기술이 전혀 통하지 않아 연소이론의 기본부터 다시 정립해야 하는 상황이 요구되었다.

특히 난관인 NOx 배출량을 줄이기 위해서는 크게 나눠서 5가지 방법이 제시되었다.

방법 1 A/F=12 전후의 농후한 혼합비로 연소시킴으로써 연소온도를 낮춰 NOx 발생량을 억제한다. 배출되는 CO·HC는 서멀 리액터로 후 연소시킨다.(로터리엔진 등에서 실시)

방법 2 A/F=20 전후의 희박 혼합비로 연소시킴으로써 연소온도를 억제한다. 연소실에는 부연소실을 추가해 농후한 혼합비로 연소시킬으로써 불씨를 만들어 주연소실의 희박 혼합기에 착화환다.(혼다 CVCC의 개념)

방법 3 O₂센서를 사용해 항상 이론공연비로 피드백 제어하는 방식으로 3원 촉매를 통한 CO·HC·NOx를 동시에 정화한다.(나중에 배기대책의 주류가 되는 방법)

EGR율과 정화·운전성능

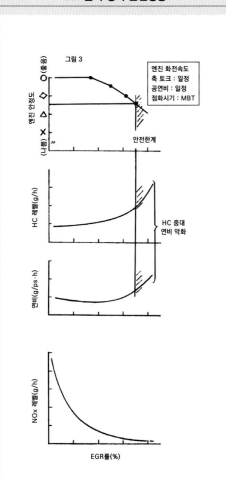

엔진의 운전조건을 일정하게 하고 EGR율만 높였을 때의 각종 데이터. 연소나 HC정화, 연비는 EGR율을 일정 이상으로 높이면 악화되는데 반해, NOx의 정화율은 EGR을 많이 걸수록 높아진다.

EGR 개념

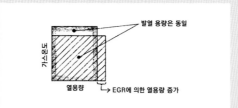

연소되지 않은 가스를 새 혼합기와 섞음으로써 열용량을 높이는 한편, 반대로 연소가스의 최고온도를 낮추는, 하야시 마사요시씨가 제안한 모델 그림. 동시에 실린더 안의 산소량을 낮춤으로서 질소의 산화반응을 낮춘다는 것이 EGR의 이론적 개념이다.

급속연소와 EGR

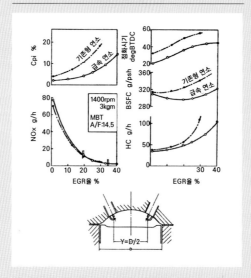

EGR은 NOx 억제에 효과가 크다고 알려져 있었지만, 유입량을 늘리면 연소가 악화하고 열효율이 떨어져 엔진이 안정적으로 작동하지 않는다. 그것을 개선하기 위해서 채택한 것이 2플러그를 통한 급속연소. 30% 정도의 EGR 양(量)으로도 안정되게 운전이 가능하고, NOx 저감뿐만 아니라 연비에도 효과가 있다고 나타났다.

각종 가스도입과 NO제어 효과

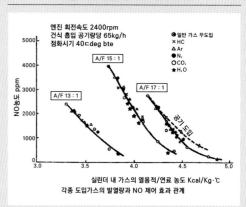

연소 중인 실린더 안으로 헬륨, 아르곤, 질소(N₂), 이산화탄소, 물을 도입했을 때의 NO 발생농도를 다른 공연비로 계측한 것. 도입 전부가 불활성가스로서, 그 중에서도 CO₂가 열용량을 높이고 정화효과도 크다. 물 분사도 똑같은 효과가 있다는 것도 나타나 있다.

VVT(Venturi Vacuum Transducer)식 EGR제어 장치

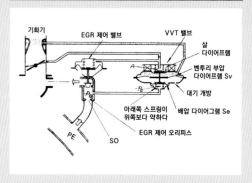

당시 생각한 EGR제어 방법에는 기화기의 부압을 직접 이용하는 부압방식과 배기관 압력을 이용하는 배압방식이 있었는데, 둘 다 부하변동과 상관없이 EGR 양이 일정해지는 결점이 있었다. 모든 운전상황 하에서 적절한 EGR을 걸기 위해서 닛산이 고안한 것이 VVT방식. 부압과 배압 양쪽의 압력으로 작동하는 다이어프램과 오리피스로 EGR 양을 변화시킨다.

방법 4 대량의 EGR(20% 이상)을 연소실로 재순화해 최고 연소온도를 낮춤으로써 NOx 발생을 막는다. 대량 EGR에 따른 연소 악화에 대해서는 2점 점화와 흡기의 스월 강화를 통한 급속연소로 보완한다. 연소에 의해 생성되는 CO·HC는 산화촉매를 통해 후처리한다.(닛산 NAPS-Z의 개념)

방법 5 현재상태의 엔진 연소실을 개량해 흡기 스월이나 EGR 추가, 혼합비나 점화시기를 조정함으로써 NOx 배출량을 낮추고, CO·HC에 대해서는 산화촉매로 대응한다.

앞서 언급한 대로 1975년, 76년, 78년에 규제한 HC와 CO 규제값은 동일하고 NOx 규제값만 시간이 지나면서 강화되었다. 1978년 규제는 NOx 배출량을 1973년 규제의 약 1/10까지 낮춘다는 것이어서, 당시의 엔진 기술로는 아무리 비용을 쏟아 부어도 불가능하다고 여겨졌다.

그러나 아무리 불가능하다고 하소연 해봐야 이 규제값을 해결하지 못하면 차를 팔 수 없으므로, 각 자동차 회사의 개발진은 일제히 이 어려운 과제 해결에 나섰다. 물론 닛산자동차도 최대로 힘을 들여 대응에 나선 것은 말할 필요도 없다.

무엇보다 북미의 머스키법안은 1970년에 상원을 통과해 1975년 부터 실시될 예정이었기 때문에, 어떤 식으로든 배출가스 대책은 돌파구를 찾아야만 하는 벽이었던 것이다. 자동차 회사 개발자들 에게 주어진 시간은 생산준비 시간을 감안하면 머스키법안 통과 후 4년밖에 없었다. 그것은 일본의 1975년 배출가스 규제에 대해 서도 마찬가지였다.

닛산 자동차는 앞에서 언급한 배출가스 대책의 방법 전부를 적용했다. 처음부터 1978년 규제를 해결할 수 있는 방법은 당연히 없었으므로 1975년, 76년, 78년 규제에 순차적으로 대응해 나갔다. 닛산 사내 에서는 1975년 대책은 [C], 76년 대책은 [CC], 78년 대책은 [JM] 이라고 하는 프로젝트 이름으로 불렀다. JM은 물론 Japan Muskie 의 머리글자를 딴 것이다.

1975년, 1976년 규제대응은 시간적인 문제, 비용, 개발자원 등을 감안해 [방법5]의 현행 엔진의 개량+산화촉매를 채택했다. 소형 A형 엔진(직렬4기통), 중형 L형 직렬4기통 엔진, 6기통 이상의 L형 6기통 및 Y44(V형 8기통) 엔진에 적용되고 있다.

1975년 배출가스 규제에 대응한 첫 주자는 세드릭과 글로리아 (330)에 탑재된 직렬6기통의 L20S/E 엔진이었다. 고성능 버전인 L20E 엔진에서는 기존의 SU 트윈 카뷰레터 대신에 보쉬사의 L-jetronic 전자제어 연료분사 시스템을 채택했다.

기존 엔진에서는 가속할 때 액셀러레이터 조작에 응답성이 좋게 반응시키기 위해서 혼합비를 농후하게 했지만, 배출가스 대책을 위해서는 이것을 희박한 혼합비로 할 필요가 있었기 때문에 응답성 이 희생이 되었다. 또 NOx 배출을 줄이기 위해서 추가한 EGR (배기재순환)도 운전성능을 악화시켰다. 당시 채택한 펠릿 촉매는 통기저항이 커서 배압이 높아지는 관계로 최고 출력 저하를 불러 왔다. 당시의 카탈로그에 나온 최고 출력은 그로스 출력으로서, 에어 클리너나 촉매, 머플러 등이 없는 상태에서 측정되었기 때문에 카탈로그 데이터 상으로는 같더라도 차량에 장착한 상태에서의 실질적인 출력은 낮아진 것이다.

사용자의 반응은 날카로웠다. 1975년 규제에 대응한 NAPS차는 힘이 없다는 평판이 대다수였던 것이다. 그런 사용자의 반응에 맞춰 1976년 규제에 대응한 차에서는 출력이나 운전성능을 개선했다.

중형 4기통 및 직렬 6기통 엔진의 1978년 규제대응은 나머지 4가지 대책방법에 대해 검토가 진행되었다. 또 소형 4기통 엔진은 1978년 규제에 대해서도 계속해서 [방법5]로 개발이 진행되었지만 지면 형편상 여기서는 설명을 생략하겠다.

방법1 : 서멀 리액터 방식

닛산자동차는 1978년 규제대책을 위해서 독일 방켈사의 기술을 도입해 로터리 엔진을 개발했다. 연소실이 이동하면서 연소시키는 RE의 특성 상, 연소온도가 비교적 낮아 NOx 생성을 억제할 수 있기 때문이다. 반면에 S/V비율이 커서 냉각손실이 크기 때문에 연비가 나쁘고 HC 배출도 많다.

닛산에서는 NOx는 혼합비로 낮추기로 하고, HC·CO에 대해서는 서멀 리액터로 대응하기로 계획했다. 탑재 차종은 2세대 실비아 (S10)로 결정하는 한편, 엔진 생산라인도 요코하마 공장에 설치 하기에 이르렀다가 뒤에서 소개할 NAPS-Z의 개발 일정이 세워 지고 연비개선이 마지막까지 좋아지지 않으면서 최종적으로 채택을 단념했다.

필자가 닛산에 입사한 1976년 당시까지 생산라인이 남아 있던 것이 기억난다. 한편 2세대 실비아는 최종적으로는 L18 엔진을 탑재해 1975년에 발표·발매하였다.

방법2 : 토치 연소방식

당시 혼다가 개발해 세계 최초로 머스키법을 통과할 수 있다고 발표 하면서 주목을 끌었던 토치 연소방식. 종합연구소와 엔진 설계 공동 으로 개발했다. 닛산에서는 이 토치 연소방식을 NVCC로 부르면서 1973년 제20회 도쿄모터쇼에서 RE와 함께 가까운 미래에 발표 발매한다고 언급하였다. 이 엔진도 요코하마 공장에 생산라인을 설치하는 것까지 진행되었지만, 동시에 개발을 추진하고 있던 NAPS-Z방식 쪽이 종합적으로 뛰어나다고 판단해 양산까지는 이르지 못하고 개발을 끝냈다.

방법3 : 제어+3원촉매 방식

북미의 GM이나 포드사, 닛산, 도요타가 배출가스 대책의 가장 유력한 안으로 개발했던 것이 이 방식이다. 이 당시는 촉매를 사용 하지 않으면서 배출가스 규제를 해결한다고 해서 혼다의 CVCC 방식이 배출가스 대책의 승자로 세간의 주목을 끌었지만, 나중에 혼다 자신도 촉매방식으로 방침을 전환한 것에서 알 수 있듯이 이 3원촉매 방식이 배출가스 대책의 진정한 승자였던 것이다. 당초 에는 촉매에 백금을 많이 사용하는 등, 시스템 비용이 높았다는 점이나 엔진 본체의 대폭적인 변경을 수반하지 않는 등의 이유로 직렬6기통 및 V형 8기통 엔진에 채택되었다.

방법4 : 대량 EGR+급속 연소방식

중형4기통 엔진(1600~1800cc)의 배출가스 대책 방식. 처음에는 종합연구소가 개발한 다음, 양산개발 때는 엔진 설계부와 공동으로 개발했다. 필자가 닛산에 입사하고 나서 최초로 관여한 것이 이 Z16·Z18 엔진 EGI 사양 개발이었다. 대량 EGR은 NOx 배출량과 운전성의 대립이라, 일의 반은 엔진 실험부와의 실험 데이터 분석이나 그 대책방법을 검토하는 것이었다.

필자는 1976년에 닛산자동차에 입사해 4월부터 2개월 정도를 자마공장의 서니 조립라인에서 공장실습을 하고 있었는데, 어느 날 임시로 라인이 멈춘 다음 사내 방송이 흘러나왔다. 내용은 「닛산자동차는 대량 EGR+급속 연소방식의 배출가스 대책 시스템NAPS -Z 개발에 성공해 1978년 배출가스 대책에 대한 목표가 섰다」는 것이다. 물론 이때는 몇 개월 뒤에 내가 그 엔진을 개발하는 담당이 되리라고는 전혀 몰랐다.

이런 경위를 거쳐서 닛산 자동차는 1978년 배출가스 규제를 아래와 같은 시스템으로 대응하였다.

[1500cc 이하 소형4기통 엔진]
엔진 본체 개량, EGR 추가, 2차 공기 도입, 산화촉매 채택
[1600~1800cc 중형4기통 엔진]
2점 착화에 의한 급속연소+대량 EGR, 산화촉매 채택
[직렬6기통, V형 8기통 엔진]
전자제어에 의한 연료공급(전자제어 카뷰레터 또는 EGI)+제어+ 3원촉매 채택

Z18E 엔진(1.8 ℓ 직렬4기통)

1977년식 블루버드(811)

L20E 엔진(2.0 ℓ 직렬6기통)

1977년식 스카이라인(C210)

삼원촉매 실용화에 앞장선 닛산은 4기통 Z와 6기통 L로 1978년 배출가스 규제를 맞춘다. 토요타도 거의 동시에 삼원촉매를 사용한 TCC-C로 어깨를 나란히 하지만, 어떤 식으로든 가혹한 배출가스 정화의 대가로 실질적인 출력 저하를 맛보게 된다. 닛산은 1980년에 그런 오명을 만회하기 위해서 일본 최초의 가솔린 터보 엔진을 발표. 그 후 일본 엔진은 공전의 고성능화 시대에 들어간다. 그 배경에는 배출가스 규제를 해소하기 위해서 고군분투한 몇 년 동안의 기초 연구 축적이라는 엄연한 사실이 있다.

다음으로 NAPS-Z 및 제어+3원촉매의 구체적 시스템에 대해 상세히 살펴보겠다.

■ NAPS-Z

베이스로 사용한 엔진은 L형 4기통인 L16·L18 엔진이다. L형 4기통 엔진은 L형 6기통과 마찬가지로 웨지 연소실, 흡배기 카운터 플로우, 우측12° 경사이다. 이것을 다구(多球) 연소실+2점 착화+크로스 플로우로 대폭 변경했다. 배기는 좌측에 남기고, 우측으로 이동한 흡기 쪽 공간을 확보하기 위해서 엔진 경사각을 좌 10° 경사로 변경했다.

실린더 블록이나 크랭크샤프트, 커넥팅 로드 등은 기본적으로 L형 엔진 것을 사용했지만, 실린더 헤드는 완전히 새로 설계한 것이다. 그로 인해 캠 샤프트나 흡배기 밸브 등 밸브 트레인 부품도 새로 설계되었다. 2점 착화 방식을 채택했기 때문에 디스트리뷰터는 V형 8기통과 똑같이 8개짜리 플러그용을 사용했다.

흡배기 시스템의 부품도 실린더 헤드에 맞춰서 새로 설계되었다. 한편 2점 착화의 급속 연소방식 채택은 부분부하의 연소개선에는 크게 기여했지만, 고속 전(全)부하 때는 연소가 너무 빨라서 연소 소음이 커지는 것이다. 그래서 이 영역에서는 일부러 1점 착화로 바꾸었다.

Z엔진은 이 후에도 터보장착, 배기량 업 등을 통해 모델을 넓혀 나갔다.

Z엔진의 후속 기종인 CA엔진에서도 2점 착화는 계속 이어졌지만, EGR에 대해서는 운전성능의 문제나 배기가스 재순환으로 인해 흡기 시스템의 부품에 필름 형상의 부착물이 발생하는 문제 때문에, 또 3원촉매가 보급됨에 따라 서서히 사용이 줄어들었다. 시간이 흘러서 내연기관의 연비향상 때문에 다시 EGR이 주목을 받게 된 것은 알려진 바와 같다. EGR과 마찬가지로 직접분사가 됐든 터보 과급이 됐든지 간에 기술의 진보는 때때로 한 번 지나간 기술에 다시 초점을 맞출 때도 있다.

■ λ제어+3원촉매

앞에서 언급했듯이 1975년 규제대책 때는 운전성능 악화 등과 같은 부작용을 동반했지만, 1978년 대책 때는 이미션 영역의 운전은 기본적으로 공연비 피드백을 통한 이론 공연비 운전이 되면서 운전성능이 거의 배출가스 대책 이전과 비슷한 수준까지 개선되었다.

기존과 마찬가지로 카뷰레터 사양과 EGI(전자제어 연료분사) 사양을 다 준비했다. 카뷰레터 사양에서는 새롭게 전자제어 카뷰레터를 도입해 제어에 의해 공연비를 더욱 정밀하게 제어한다. 고성능 기종인 EGI 사양에서는 보쉬사의 L-jetronic：c을 채택. 흡입공기량 계량을 통한 전자제어 연료분사 시스템과 제어를 통해 이미션 영역에서 이론혼합비대로 운전한다. 이 L-jetron：c 시스템에서는 혼합비 제어가 아날로그 전자제어에, 점화시기는 카뷰레터 사양에 맞춰서 디스트리뷰터에 장착된 커버너와 흡기 진공을 통한 엔진 회전속도와 액셀러레이터 개도에 맞춘 아날로그 제어였다.

1979년의 세드릭과 글로리아의 모델변경(430)에 맞춰서 세계 최초의 8bit 마이크로컴퓨터 제어를 통한 ECCS(엔진 집중제어 시스템)를 L28E 엔진에 채택하였다. 그때까지의 L-jetron：c에서는 흡입공기량을 플랫타입 에어 플로우 미터로 계량해 연료 분사량을 결정하는 아날로그 제어였지만, 이 ECCS에서는 디지털 제어로 바뀌었다.

흡입공기량은 통기저항이 적은 핫와이어 타입을 사용해 중량 유량을 측정하고, 엔진 회전수나 크랭크축 위치는 크랭크각 센서로 정확하게 측정한다. 한편 ECU에는 흡입공기량과 엔진 회전속도에 맞춘 점화시기와 혼합비를 미리 맵핑해서 넣어놓는다. 각 센서에서 보내진 정보를 바탕으로 1회전할 때마다 최적인 데이터를 ECU(엔진제어 모듈)에서 계산한 다음, 각 액추에이터(연료분사 인젝터나 트랜지스터 이그나이터 등)로 작동명령을 보낸다. 혼합비에 대해서는 이 주어진 맵핑을 기본으로 배기관에 장착된 O₂센서로 이론공연비보다 농후한지 희박한지를 판단해, 농후하면 엷게 하고 희박하면 짙어지도록 연료 분사량을 피드백 제어한다.

이 ECCS로 바뀌면서 기존의 카뷰레터 사양은 점차 사라져갔다. 현재는 승용차 엔진 룸에서 카뷰레터를 볼 일이 없어졌다.

이상이 닛산에서 지금까지 대처해 온 배출가스 대책 시스템 NAPS에 관한 개요이다. 1978년 배출가스 규제는 당초에는 자동차 회사의 기술자를 궁지에 몰아넣었으나 그 난관을 뚫고 멋지게 문제를 해결할 수 있었다. 이 배출가스 대책을 세우면서 얻은 연료 분석 기술이나 엔진제어 기술은 훗날의 북미 CAFE 등에 대응하면서 연비향상이나 터보, DOHC 등의 엔진 고성능화에 막대한 영향을 끼친다. 그야말로 위기를 기회로 바꾼 이야기가 아닐 수 없다.

NOx는 왜 만들어지나
대기 속에서 NOx는 무엇을 하나

주로 탄소와 산소로 만들어진 석유계통의 연료를 사용하는 내연기관에서는 반드시 「연소된 가스」로서의 배출가스가 발생한다.
이번 호 테마인 NOx=질소산화물은 그 배출가스 안에 함유되어 있다.
그 발생의 메커니즘과 대기 속으로 방출되고 나서는 어떤 움직임을 보이는지에 대해서 살펴보겠다.

본문 : 마키노 시게오 사진 : 포드/만자와 고토미/애크놀로지먼트/게이오의숙대학 이공학부 이다 노리마사 교수

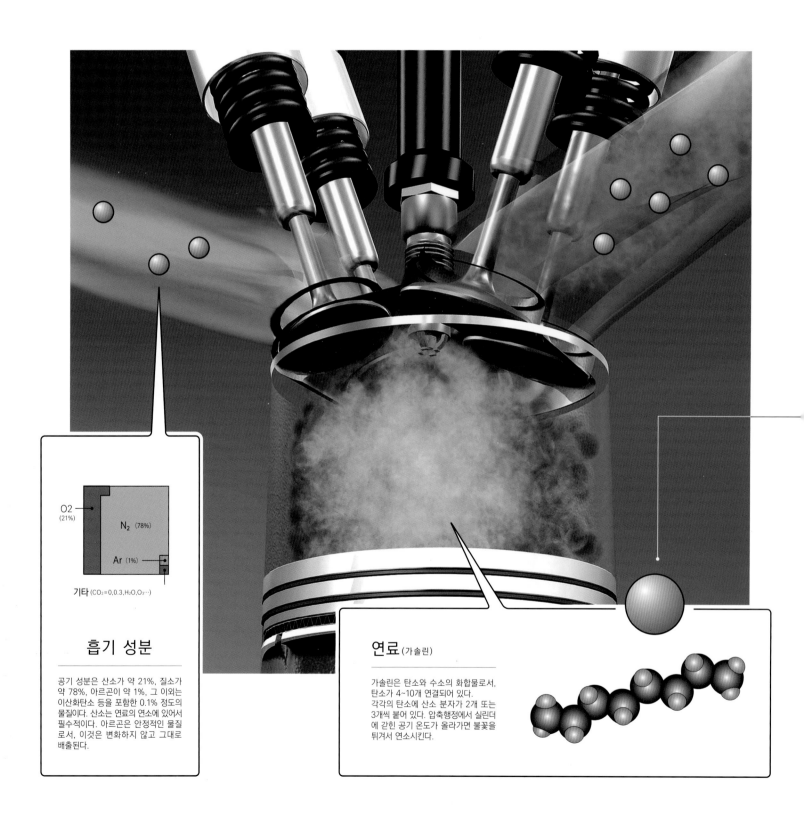

흡기 성분

공기 성분은 산소가 약 21%, 질소가 약 78%, 아르곤이 약 1%, 그 이외는 이산화탄소 등을 포함한 0.1% 정도의 물질이다. 산소는 연료의 연소에 있어서 필수적이다. 아르곤은 안정적인 물질로서, 이것은 변화하지 않고 그대로 배출된다.

O2 (21%)
N₂ (78%)
Ar (1%)
기타 (CO₂=0,0.3,H₂O,O₃…)

연료 (가솔린)

가솔린은 탄소와 수소의 화합물로서, 탄소가 4~10개 연결되어 있다.
각각의 탄소에 산소 분자가 2개 또는 3개씩 붙어 있다. 압축행정에서 실린더에 갇힌 공기 온도가 올라가면 불꽃을 튀겨서 연소시킨다.

내연기관은 공기와 연료를 섞어서 연소시킬 때 발생하는 열에너지를 이용한다. 피스톤을 사용하는 왕복 엔진에서는 연소로 인해 연료 분자가 뿔뿔이 흩어져 CO₂(이산화탄소)나 H₂O(물) 분자가 만들어지면서 N₂(질소) 분자와 함께 실린더 안을 마구 날아다닌다.

연소로 인해 고온·고압의 가스가 생성되는 것이다. 그 가운데 피스톤 헤드에 부딪치는 분자가 피스톤을 힘차게 밀어낸다. 흔히 「연소압력」이라는 말을 사용하는데, 이 압력은 연료 분자의 화학반응에 의해 만들어진 분자 운동이다. 그리고 연료를 구성했던 분자는 빨아들인 공기를 구성했던 분자와 최종적으로 달라붙는다. 이로 인해 어떤 물질이 생기는지에 대해서는 아래와 같다. 「물」은 연료에는 포함되어 있지 않지만 화학반응이 계속해서 일어나는 가운데 아주 조금 발생한다. 자동차의 배기관에서 물이 뚝뚝 떨어지는 것은 그 때문이다.

NOx(질소산화물)는 원래는 화학변화를 하지 않고 그대로 배출되어야 할 질소가 연료 안의 수소·산소와 달라붙지 않은 산소와 결합하면서 생긴다.

이론공연비(화학량론)로 연소시키면 연료 분자는 깨끗하게 연소하지만 산소가 남게 되면 NOx가 발생하기가 쉽다. 반대로 연료 분자가 남으면 HC(연료도 이것의 일종)가 쉽게 배출된다. 덧붙이자면 가솔린 엔진 쪽이 디젤 엔진보다 연소 때 생기는 NOx의 양이 많다. 그것은 디젤 엔진은 연소온도가 높으므로 충분한 온도에 노출되어 질소 분자가 활발해지면서 산소와 결합하기 때문이다.

그러나 가솔린 엔진은 삼원촉매 작용으로 NOx를 깨끗하게 퇴치하기 때문에 배출가스 안의 NOx 양은 디젤 엔진보다 적어진다.

왜 NOx가 나오는 것일까. 그것은 고온에서 연소할 때의 숙제이다. 가정의 가스레인지에서도 불꽃 끝의 온도가 높은 지점에서는 NOx가 생성된다. 다만 발생량은 연소온도가 2000℃를 넘는 가솔린 엔진에 비해 아주 미미하다.

연소 후의 배기에 포함되어 있는 물질

N₂ ········· 질소 ──→ 흡기 속 질소 대부분은 화학변화를 하지 않고 그대로 배출된다.
H₂O ········· 물 ──→ 연료 속 수소가 흡기 속의 산소와 결합
HC ········· 탄화수소 ──→ 연료 속 수소와 탄소가 결합
NOx ········· 질소산화물 ──→ 흡기 속 질소와 산소가 결합한다···
CO ········· 일산화탄소 ──→ 연료 속 탄소와 흡기 속 산소가 결합
CO₂ ········· 이산화탄소 ──→ 연료 속 탄소와 흡기 속 산소가 결합
SO₂ ········· 이산화유황 ──→ 연료 및 윤활유 안의 유황분이 흡기 속 산소와 결합

NOx를 자세히 분류하면…

NOx(질소산화물)란 질소 분자 1개 또는 2개로 구성된 물질의 총칭. 연소로 인해 분자끼리 몇 가지 패턴으로 결합해서 생긴다. 가솔린 엔진의 경우 NOx 가운데 NO가 90~95% 정도로서, NO₂ 발생량은 적은 편이다.

N₂O ······ 일산화이질소
NO ······ 일산화질소
NO₂ ······ 이산화질소
N₂O₃ ······ 삼산화질소

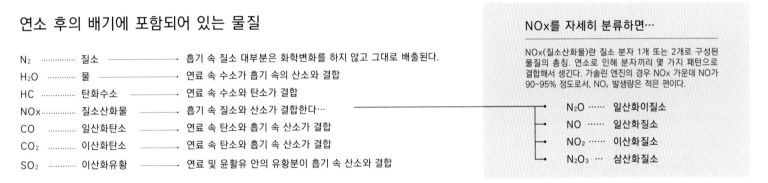

연료 분자 양끝에 있는 탄소에는 반드시 3개의 수소 분자가 달라붙는다. 그 이외에는 2개 수소를 갖는다. 그리고 압축행정에서 실린더 내 온도가 올라가면 어느 온도에서 반드시 끝에서 2번째에 있는 수소가 전자를 남기고 떨어져 나간다.
거기에 산소가 다가와 전자를 자신의 궤도로 끌어들인다. 이런 반응이 점차적으로 일어나면서 연소가 진행되는 것이다. 가장 외곽의 전자궤도(우측 그림), 즉 채워지지 않은 아르곤 이외의 분자가 이 반응에 참가한다.

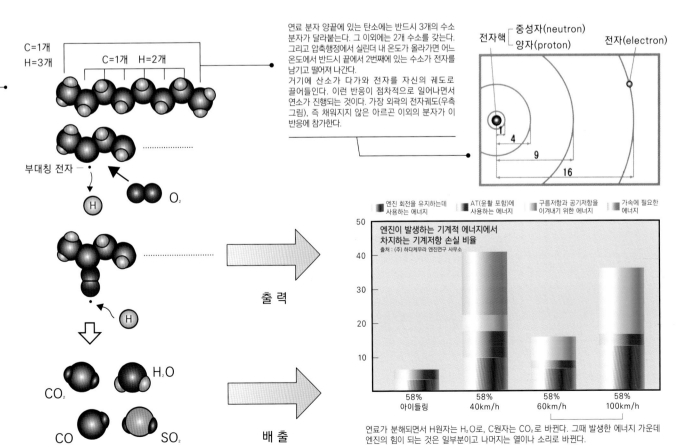

C=1개
H=3개

C=1개 H=2개

부대칭 전자

H

O₂

H

CO₂

H₂O

CO

SO₂

출 력

배 출

엔진이 발생하는 기계적 에너지에서 차지하는 기계저항 손실 비율
출처: (주) 하다케무라 엔진연구 사무소

엔진 회전을 유지하는데 사용하는 에너지 | AT(윤활 포함)에 사용하는 에너지 | 구름저항과 공기저항을 이겨내기 위한 에너지 | 가속에 필요한 에너지

58% 아이들링 | 58% 40km/h | 58% 60km/h | 58% 100km/h

연료가 분해되면서 H원자는 H₂O로, C원자는 CO₂로 바뀐다. 그때 발생한 에너지 가운데 엔진의 힘이 되는 것은 일부분이고 나머지는 열이나 소리로 바뀐다.

중성자(neutron)
전자핵
양자(proton)
전자(electron)

1
4
9
16

자동차의 배출가스 성분 가운데 유해한 것은…

현재 배출가스 규제 대상은 앞 페이지처럼 기체성분인 CO, HC, NOx 그리고 아주 미세한 고체성분인 PM(Particulate Matter=미립자상 물질, 그을음)이다. 그럼 눈에 보이지 않는 기체성분은 배기관에서 대기 속으로 방출된 다음 어떻게 될까.

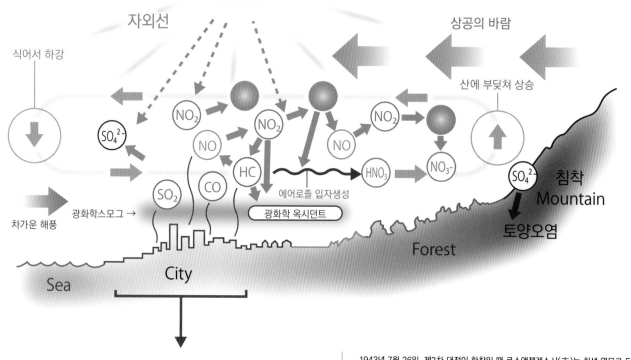

1943년, 로스앤젤레스의 스모그

1943년 7월 26일, 제2차 대전이 한창일 때 로스앤젤레스시(市)는 회색 연무로 뒤덮였다. 나중에 이것이 스모그라고 판명되었지만, 발생원인은 밝혀지지 않았다. 1952년에 캘리포니아 대학의 하겐슈미트 교수가 스모그의 발생 메커니즘을 해명한다. 그러면서 자동차가 깊이 관련되어 있다는 것이 명백해졌다. 아래 그래프는 자동차의 주행과 일조(日照) 관계를 나타낸 것으로, 당시의 로스앤젤레스시에서 관측한 것이다. 아침의 러시아워 때 대기에 방출된 물질이 태양광을 받아 변질되고 오후 2시 무렵에 오존 생성이 최대가 된다는 것을 알 수 있다.

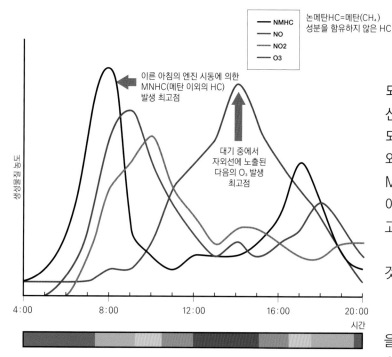

논메탄HC=메탄(CH₄) 성분을 함유하지 않은 HC

- NMHC
- NO
- NO2
- O3

이른 아침의 엔진 시동에 의한 MNHC(메탄 이외의 HC) 발생 최고점

대기 중에서 자외선에 노출된 다음의 O₃ 발생 최고점

가솔린 엔진차의 배기관(테일 파이프)에서 대기 속으로 배출되는 물질 가운데, CO(일산화탄소)와 HC(탄화수소), NOx(질소산화물)는 규제 대상이다. 일정 이상의 양을 배출하지 못하도록 되어 있다. 그밖에 연료와 엔진 오일에 함유된 유황성분이 산소와 결합된 SOx(유황산화물)와 연료의 잔류물인 PM(Particulate Matter=미립자상 물질)이나 CO₂(이산화탄소)에도 규제가 있다. 이것들을 통틀어 테일 파이프 이미션(Tail Pipe Emission)이라고 부른다.

그럼 이번특집의 테마인 NOx는 왜 규제 대상일까? 규제가 된다는 것은어떠한해를일으키는물질이라는뜻이다.그해란어떤것일까?

앞 페이지의 일러스트는 도시권에서 발생한 테일 파이프 이미션을 나타낸 것이다. 먼저 NOx의 90~95%를 차지하는 NO가 대기 속에 방출된 뒤를 살펴보겠다. 가령 자동차 1대에서 배출되는 양은

배출가스와 태양광의 관계

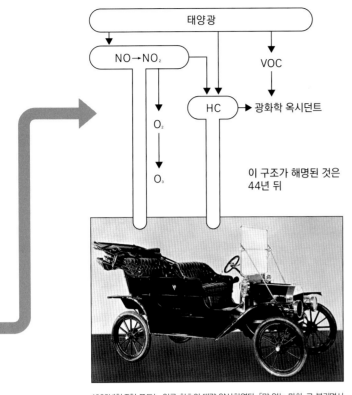

태양광 → NO→NO₂ / VOC
NO→NO₂ → O₂ → O₃
HC → 광화학 옥시던트

이 구조가 해명된 것은 44년 뒤

1908년형 T형 포드는 인류 최초의 대량 양산차였다. 「말 없는 마차」로 불리면서 각광을 받았던 이유 가운데 하나는 길가에 쌓이는 말똥에서 사람들이 해방되었기 때문이다. 1900년 무렵은 건조되어 날아다니던 말똥이 박테리아를 옮기면서 질병을 일으키기도 했다.

1945년의 다임러 벤츠 엔진(왼쪽)도 배출가스는 전혀 고려하지 않았다. 최신 디젤 엔진(위)은 테일파이프 이미션 레벨로 따지면 예전의 1만분의 1 정도밖에 안 된다. 이 진화를 추동한 계기 가운데 하나가 배출가스 규제이다.

적지만 몇 만대가 움직이는 대도시라면 NO의 총량은 자연히 많아진다. 이 NO는 대기 속에서 다른 O(산소)와 결합해 NO₂로 바뀐다. NO₂를 그대로 인간이 들이마시면 폐 안에서 O의 원자가 떨어져 나와 허파 꽈리(肺胞)를 자극한다.

한편 대기 속을 떠다니는 NO₂에 태양광의 자외선이 닿으면 이것도 O₃로 바뀐다. 자외선은 파장이 짧고 에너지가 큰 전자파로서, NO₂를 자극해 O를 분리시킴으로써 떨어져 나간 O를 O₂와 결합시킨다. 빛에 의한 화학반응이므로 이것을 포토케미컬 리액션(광화학)이라고 부른다.

O₃가 성층권(지표면에서 약 50km)에 모이면 태양에서 오는 자외선을 흡수해주는 유익한 오존층이 되지만, 대류권(지표면에서 16km 이하)에서는 인간의 기관지나 폐에 피해를 준다. O₃를 중심으로 안개가 된 스모그를 광화학스모그라고 하는데, 맑게 갠 날에 광화학스모그의 발생을 경고하는 이유는 여기에 있다. 광화학스모그에 인간이 노출되면 눈이 따끔거리거나 호흡이 곤란해지는 피해를 입는다. 또 식물도 피해를 입는다.

또 한 가지, HC도 광화학스모그의 원인물질이다. 대기 속에서 HC에 자외선이 닿으면 저온 산화반응을 일으켜 O₃ 생성에 기여한다. 또 HC는 O₃가 갖고 있는 강한 산화능력에 의해 포름알데히드 CH₂O 같은 에어로졸 입자를 생성한다. 나아가 HC의 생(生)가스는 인간의 생식기능에 영향을 끼친다는 사실도 확인되었다.

이처럼 NO와 HC는 자외선과 만나 NO₂를 만들고, 나아가 O₃를 생성해 에어로졸 입자로까지 바꾼다. 이런 메커니즘이 분석된 것은 1952년의 일로서, 당시는 아직 배출가스 규제가 없던 시절이라 로스앤젤레스 같이 해안도시에서 육지 쪽으로 산악지대를 이루고 있는 지형(앞 페이지 같은)에서 광화학스모그가 대량으로 발생했다.

CO는 농도가 높으면 강한 독성을 발휘한다. 농도 0.1% 이상은 치사량에 해당한다. 사람이 CO를 흡입하면 피 안에서 헤모글로빈이 산소를 운반하지 못하게 되어 불과 12분 정도만 지나도 뇌세포가 죽기 시작한다. 이것이 일산화탄소 중독이다.

이상이 일반론적인 이야기이고, 각 물질의 대기 속 농도가 일정 이상으로 올라가고, 나아가 자외선과 닿으면 여러 가지 피해를 불러온다. 다만 대기 속 농도가 낮고 자외선을 받지 않으면 그대로 바람에 날려 확산되면서 해수 등과의 반응으로 무해하게 바뀐다. 자동차 교통이 밀집된 지역이 아니라면 NO에 자외선이 닿더라도 스모그가 만들어지지는 않는다. 악조건이 겹쳤을 때 「국지적 대기오염」을 일으키는 것이다.

사실 문제가 되는 것은 NOx보다도 HC이다. 자동차에서 발생되는 HC는 전체의 일부에 지나지 않는다. 반면에 NOx는 자동차나 공장 등의 발생원이 한정되어 있다. 알기 쉽게 말하자면, HC규제는 쉽지 않아서 NOx를 줄이려 한다는 것이다.

연소와 NOx의 관계

디젤 엔진의 연소와 NOx 생성관계를 생각해 보겠다.
「디젤차는 NOx 배출이 많다」고 생각하기 쉽지만, 사실은 같은 실린더 용적으로 비교하면
가솔린 엔진 쪽이 NOx 발생량이 더 많다. 고온에서 연소하기 때문이다.
그러나 삼원촉매가 대부분의 NOx를 걸러내기 때문에 테일 파이프에서 배출되는 양은 적은 편이다.
그럼 디젤 엔진 쪽은 어떨까.

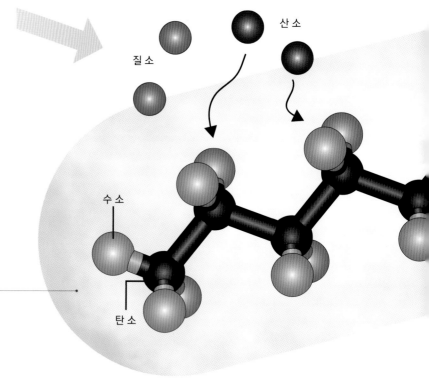

엔진에서는 질소도 연소한다.

질소 ······ N₂ ⎱
산소 ······ O₂ ⎰

- N₂O
- NO
- NO₂
- N₂O₃

지표면 부근의 대기 가운데 약 78%는 질소이다. 실린더 안으로 들어간 혼합기 질소도 비슷한 비율이다. 이 질소는 거의가 연소열을 받아들이기만 할 뿐 질소 그대로 배출되지만, 일부는 연소되기도 한다. 그것이 질소산화물(NOx)이다.

현재의 디젤 엔진은 이런 다공질형 연료 인젝터를 사용해 고압으로 연료를 분사한다. 고압인 이유는 연료를 큰 에너지로 기체 분자에 부딪치게 함으로써 미립자화하기 위해서이다. 연료입자가 미세해질수록 쉽게 연소된다.

디젤 엔진은 압축착화 방식으로 연소한다. 불꽃을 튀기는 점화 플러그는 사용하지 않는다. 흡기는 피스톤의 상승으로 인해 압축 되면서 점점 고온으로 올라간다. 거기에 연료인 경유를 분사하면 액적화(液滴化) 되어 연소 온도에 도달한 부분부터 연소하기 시작한다.

질소

산소

수소

탄소

연소 온도와 NO 생성

산소가 격감한, 연소 종료된 배기가스를 다시 연소로 사용하는 것이 EGR이다. 이것을 전혀 사용하지 않으면 실린더 안은 모두 산소로 가득 찬 새 혼합기로 채워지기 때문에 연소 온도가 높아진다. 우측 위 그래프에서 EGR율 0%가 거기에 해당한다. EGR율을 40%까지 높이면 연소 온도의 상승을 700K(켈빈) 정도 억제할 수 있다. 또 우측 아래 그래프에서 EGR율 0%인 선을 보면 시간이 지남에 따라 화염발생 위치에서 80mm 떨어진 장소까지 NOx 가 생성된다는 것을 알 수 있다. NOx는 연소가 끝나고 나서부터 발생하는데, NOx가 생성되기 전에 연소실 내 온도가 내려가면 생성은 멈춘다. 디젤이나 가솔린 모두 EGR율이 상승하는 이유는 여기에 있다.

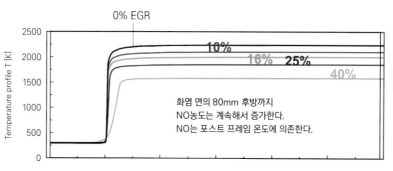

0% EGR

10%
16% 25%
40%

CH4-air-EGR
Pu = 0.1MPa
Tu = 303K
ø = 1.0

화염 면의 80mm 후방까지
NO농도는 계속해서 증가한다.
NO는 포스트 프레임 온도에 의존한다.

Temperature profile T [K]

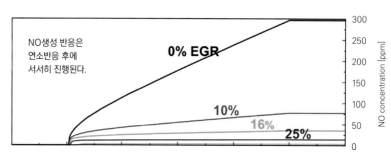

NO생성 반응은
연소반응 후에
서서히 진행된다.

0% EGR

10%
16%
25%

NO concentration [ppm]

N₂와 O₂는 흡기에 함유되어 있고 연료에는 들어가 있지 않다. 내연기관에게 있어서 공기는 「또 하나의 연료」이다. 아래 일러스트는 경유 성분 가운데 가장 세탄가가 높은 헥사데칸을 모형화한 것으로, 16개의 탄소와 34개의 수소로 구성되어 있다. 연소할 때는 이것이 모두 뿔뿔이 흩어진다. 그리고 산소량이 많아진 가운데 연소시키는 디젤의 특성 상, 연료를 다 소진하더라도 아직 산화능력이 높은 산소가 충분히 남는다. 그리고 애초에 흡기에는 대량의 질소가 함유되어 있다. 남은 산소가 질소를 끌어들여 NOx가 발생한다.

경유 연료 분자는 CnHm으로 표시한다. C=탄소와 H=수소의 화합물로서, C와 H의 수에는 몇 가지 패턴이 있다. 양쪽 끝의 C에는 3개의 H가 붙어 있고, 그 외의 C에는 H가 두 개씩 붙어 있다.

앞 페이지의 실린더 내 일러스트에 연료 분자를 그리면 이와 같이 된다. 주위는 고온의 흡기로 가득 차 있고, 거기에 분사된 연료 분자는 급격한 온도상승에 노출되면서 각 분자 안에서 전자 운동이 활발해진다. 그리고 전자가 하나라도 궤도를 이탈하면 탄소와 수소의 분자 간 결합이 풀어져 수소가 떨어져 나가고, 그 자리에 흡기 속의 산소가 들어온다.

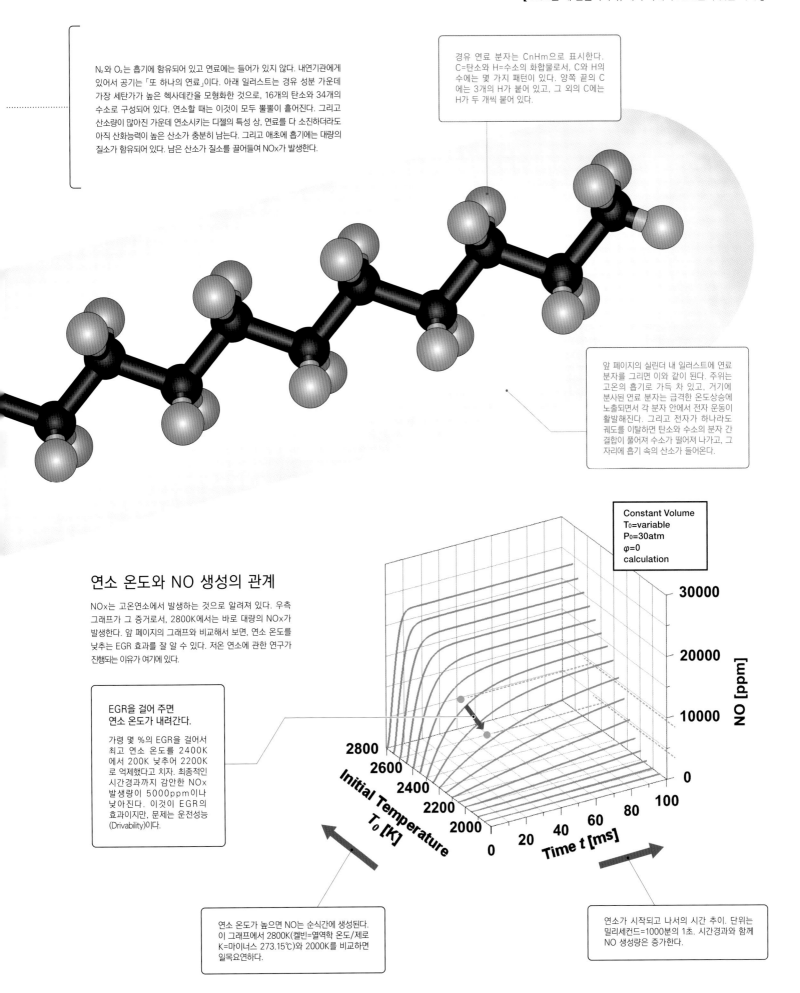

연소 온도와 NO 생성의 관계

NOx는 고온연소에서 발생하는 것으로 알려져 있다. 우측 그래프가 그 증거로서, 2800K에서는 바로 대량의 NOx가 발생한다. 앞 페이지의 그래프와 비교해서 보면, 연소 온도를 낮추는 EGR 효과를 잘 알 수 있다. 저온 연소에 관한 연구가 진행되는 이유가 여기에 있다.

EGR을 걸어 주면 연소 온도가 내려간다.

가령 몇 %의 EGR을 걸어서 최고 연소 온도를 2400K에서 200K 낮추어 2200K로 억제했다고 치자. 최종적인 시간경과까지 감안한 NOx 발생량이 5000ppm이나 낮아진다. 이것이 EGR의 효과이지만, 문제는 운전성능(Drivability)이다.

Constant Volume
T_0=variable
P_0=30atm
φ=0
calculation

NO [ppm]

30000

20000

10000

0

Initial Temperature T_0 [K]

2800
2600
2400
2200
2000

Time t [ms]

0   20   40   60   80   100

연소 온도가 높으면 NO는 순식간에 생성된다. 이 그래프에서 2800K(켈빈=열역학 온도/제로 K=마이너스 273.15℃)와 2000K를 비교하면 일목요연하다.

연소가 시작되고 나서의 시간 추이. 단위는 밀리세컨드=1000분의 1초. 시간경과와 함께 NO 생성량은 증가한다.

자동차에서 나오는 NOx는 극적으로 줄었다. 자동차는 CO_2 감축에서도 우등생

이다교수가 있는 게이오의숙대학 이공학부를 방문해 NOx에 대해 「강의」를 들어보았다.

엔진의 연소 연구를 오랫동안 해온 이다교수는 이렇게 말한다.

「환경기준으로 NOx를 규제하고 있지만, 문제는 오존이다. 오존으로 확인해야 한다.」

본문&사진 : 마키노 시게오

게이오의숙대학 이공학부
시스템 디자인 공학과 교수
이다 노리마사
Professor Dr. Norimasa IIDA Keio University

MFi : 자동차에서 배출되는 NOx가 O_3(오존)이나 자연 상태에는 없을 것 같은 산화물, 소위 말하는 광화학 옥시던트를 발생시켜 인체에 피해를 준다고 합니다. 그런 과정에서 방아쇠 역할을 하는 것이 자외선인 것 같습니다.

이다 : NO가 NO_2가 되고 여기에 O_2가 더해져 NO와 O_3가 되고, 다시 이 O_3가 NO를 강력한 산화 능력을 가진 NO_2로 바꿉니다. 이런 고리를 돌리는 것이 자외선이고, O_3는 점점 증가하게 되는 것이죠. NO_2가 자외선을 쐰 1~2시간 후에는 O_3가 계속 증가합니다. 그 O_3가 다시 NO를 NO_2로 바꾸고, 또 한 쪽에서는 포름알데히드를 생성하죠. O_3가 NO를 잡아서 NO_2로 바꾸는데, 거기에 HC가 있으면 이것을 산화시켜 알데히드 종류나 독성과 자극성을 가진 퍼옥시아실나이트레이트(PAN)을 만드는 겁니다.

MFi : NOx 가운데 동물의 몸에 악영향을 끼치는 것이 NO_2입니까?

이다 : 그렇습니다. 질소 분자 하나에 산소 분자 2개가 결합하죠. 이 결합이 끊어져서 부대칭 전자를 가진 O_2 래디컬이 되기 쉽습니다. 또 이 O_2 래디컬은 반응성이 있어서 O_2와 붙어 O_3가 되기 쉬운 것이죠. O_3=오존라고 하면 우거진 삼림계곡 같이 기분 좋게 들릴지 모르겠지만, 사실은 대량으로 흡입하면 폐가 망가지므로 폐를 지키기 위해서 기관지가 수축하면서, 예를 들면 밖에서 운동하던 아이가 쓰러지는 등의 사고가 일어나는 겁니다. 반복적으로 섭취하면 천식에 걸리거나 폐암의 원인이 될 수도 있습니다.

MFi : O_3 생성에는 자외선의 조력이 필요한 것으로 압니다. 그래서 일몰과 함께 반응이 멈추는 것일 텐데요. 비나 흐린 날에도 광화학 옥시던트가 발생하지 않나요.

이다 : 그렇습니다. 발생 메커니즘은 1952년에 이미 분석되었죠. 로스앤젤레스 같은 대도시에서 광화학 스모그가 자주 발생했습니다. 그 원인물질이 뭔가 하고 조사하는 과정에서 광화학 옥시던트의 발생시간대가 주목을 받은 겁니다. 로스앤젤레스 교외에는 나파밸리가 있어서 바다에서 불어온 바람이 산에 부딪친 다음에는 도시로 되돌아오는 겁니다. 해풍과 산풍 사이에 있는 도시에서 빠져나가질 못하는 것이죠.

MFi : 그 18년 뒤인 1970년에 도쿄의 스기나미구에서 운동 중이던 학생이 쓰러진 릿쇼고교 사건이 발생했습니다. 그때도 도쿄만의 바람이 주목 받았었죠. 몇 가지 조건이 겹치면서 광화학 옥시던트의 피해가 발생하는 것이죠.

이다 : 당시는 원인물질의 발생원인 자동차가 국지적으로 대량으로 존재했었고, 각각이 NOx를 배출하기 때문에 문제였습니다. 사람이 없는 장소에서 몇 대의 자동차가 달리는 정도는 아무런

2010년 NOx 배출량 비율

2010년 데이터를 보면 이동 물체에서의 NOx 배출량이 연간 약 64만 톤이있다. 보유대수 대비로 보면 가솔린차 1대의 기여율이 얼마나 낮을지 잘 알 수 있다. 디젤 화물차(트럭)는 대형이 많기 때문에 기여율이 크지만, 배출량은 확실히 줄어들었다. 그 대신에 특수자동차의 기여율이 상대적으로 증가하고 있다.

「NOx에 대해 알려 주십시오」라는 편집부 본지의 요청을 받고 이다교수의 MFi용 강의가 3기간 동안 진행되었다. 연소연구에 대한 식견을 응축한 3시간 강의는 「과학을 더 일반인의 눈높이에 맞추도록 노력하자」라는 말로 시작해 중국의 배출가스 현지조사 이야기로 종료되었다.

- 속도구간에 따라 배출계수를 결정하고 있어서 광역적인 배출량 추계에는 유효하다.
- 같은 속도라도 순간적인 배출계수를 감안하면 편차가 커서 국지적 도로라도 배출량 추계에는 적합하지 않다.

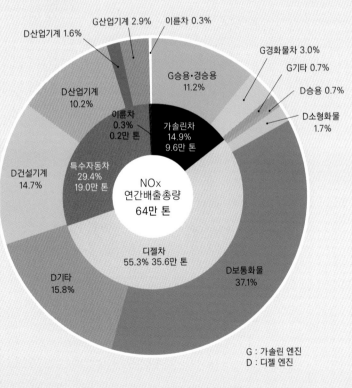

G : 가솔린 엔진
D : 디젤 엔진

배출량 추계모델

$$연간\ 총배출량 = \sum_{차량구분\ k} \frac{(배출계수g/km)\ k \times (연간\ 총주행량\ km/대\cdot년)\ k \times (대수/대)\ k}{\sum_{속도구분\ j} (배출계수g/km)_j \times (주행빈도)_j}$$

g/年

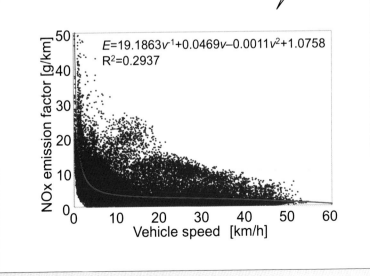

$E=19.1863v^{-1}+0.0469v-0.0011v^2+1.0758$
$R^2=0.2937$

2002년 5월 1일~2003년 4월 26일 13회 주행데이터
전 개수 : 125,155개(0.5초 가격)

문제도 안 일어납니다. 동시에 지구상에 몇 만 톤이 있다고 해서 문제가 되지는 않습니다. 글로벌한 오염이 아니란 겁니다. 바람이 불어서 바다 위로 옮겨가면 거기서 소멸하게 되죠.

지구 규모로 영향이 나타나는 것은 CO_2나 메탄 같은 온실효과 가스입니다. 그렇기 때문에 지구적 규모인지 아니면 지역적 한정인지 또는 직접적으로 인체에 영향을 주는지 여부를 나누어서 생각해 봐야 하는 겁니다.

또 NOx가 다양하게 언급되고 있는데, NOx가 대량으로 배출되어도 O_3를 만들지 않으면 인간이 직접 들이마시는 영향밖에 없습니다. 직접적 흡인은 해가 있기는 하지만, 무엇보다 NOx 농도를 감시하는 것보다 O_3를 감시해야 하는 것이죠.

MFi : 대기 안에서 광화학 옥시던트가 발생하면 오염이 확산됩니까?

이다 : 확산이라기보다 오염물질의 발생원에서 떨어진 곳에서 광화학 옥시던트가 됩니다. 가령 도쿄에서 배출된 NOx가 바람에 날리고 그 사이에 자외선을 쬐면 북쪽의 구마가야나 마에바시 또는 도치기 등 도쿄 23구를 도너츠 형태로 둘러싼 지역에서 피해가 발생합니다.

어디서 피해가 발생하느냐는 바람의 방향과 일조에 따라 달라지죠. 가솔린 자동차는 NOx 감축에는 우등생이라 배출량도 줄고 있습니다. 국지적으로 발생하는 NOx 농도는 떨어지는 경향에 있고요. 그 때문에 저녁 일몰 전에 피해가 나타날 때도 있습니다. 어떤 경우를 봐도 우선은 NOx 배출량을 줄이는 것이 중요하죠.

MFi : 가령 일본과 중국 사이에서 NOx가 월경 오염을 초래할 수도 있을까요?

이다 : 실제로 일본까지 날아오고 있습니다. PM2.5뿐만이 아닙니다. 참고로 일본의 도로를 달리는 가솔린차에서 나온 NOx가 2010년 단계에서 이동 발생원에서 유래된 NOx 가운데서는 15% 정도입니다(그래프 참조).

CO_2 발생에서는 55%를 차지하지만 NOx에서는 우등생인 것이죠. 그보다 2500만 대나 되는 디젤 상용차가 문제입니다. 그 기여율이 55%나 됩니다. 한 발 더 들어가면 특수자동차가 보통 화물 디젤차와 비교해 동등한 수준 이상의 NOx 양을 배출하고 있습니다.

MFi : 건설기계, 산업기계, 농업기계를 말씀하시는 거군요. 자동차와 비교하면 배출가스 규제가 상당히 느슨한 편인데, 왜 이에 대해 중점적으로 대책을 세우지 않는지 의아스럽습니다.

이다 : 최근에 가솔린 직접분사 엔진의 PM이 문제가 되고 있지만, PM에 관해서 디젤차는 DPF를 장착하면서부터 극적으로 개선되고 있고, 가솔린 직접분사 엔진은 아직 일본에 그 수가 많지 않으므로 크게 걱정할 필요는 없습니다. 그보다는 정말로 NOx 발생량을 줄이겠다면 특수자동차를 손봐야 합니다.

MFi : 디젤 대형차의 포스트 신장기규제는 효과를 기대할 수 있을까요?

이다 : 포스트 신장기규제 적합차량에 대한 대체가 착실히 진행되면 2021년의 자동차 NOx 배출량은 2014년도의 반으로 줄어듭니다. 배기가스를 검사할 때만 유해물질 배출을 줄이는 디피트 장치까지도 금지되었으므로 이제 규제강화는 필요하지 않는 수준입니다.

차량 단독의 NOx 배출을 이 이상 줄이려면 막대한 비용이 들죠. 이동 발생원인 자동차 배출이 줄어드는 가운데, 앞으로는 고정 발생원까지 포함한 종합적인 대책 단계에 들어갔다고 할 수 있습니다.

MFi : 그럼 앞으로 디젤 대형차는 어떤 대책을 세울 수 있을까요.

이다 : 배기촉매 시스템의 예기치 않은 고장으로 인해 발생하는 NOx와 PM에 대해 대책을 세워야 할 겁니다. 1대의 고장으로 몇 십대분이 배출되니까요. ODB(On-Board Diagnosis)의 자기진단 기능에 비용을 들여야 할 겁니다. 다음 논점이 이것이라고 생각합니다.

MFi : 세계적으로 대형 디젤차의 ODB 규제는 아직 진행되지 않는군요.

이다 : 아직은 배출가스를 정화하기에도 힘에 부치는 상황이죠. ODB는 배출가스 값이 내려가고 후처리 장치의 내구성이 갖춰지고 난 뒤의 수단입니다. 그를 위한 센서도 필요하죠. 하지만 여기에 돈을 쓸 가치는 충분합니다.

본지에서 오랫동안 도움을 받았던 이다 선생이 65세로 정년퇴직을 맞았다. 최종 강의는 자동차 내연기관의 연소와 대기오염이 테마로서, 본지를 위한 특별강의도 그런 내용이었다. 게이오의숙대학은 내각부의 SIP(전략적 이노베이션 창조 프로그램)에서 혁신적 연소 기술 연구소의 리더학교로 지정되었다. 이다교수는 책임자로서 이 연구를 계속해 나간다고 한다.'

(정리 마키노 시게오)

Illustration Feature

2

THE NITROGEN
OXIDES
REDUCTION
METHODS

NOx

NOx를 배출하지
않는 기술

기존개념을 깨다

마쯔다 스카이액티브의 배출가스 대책

본문 : 사와무라 신타로 사진 : 마쯔다

압축비 14. 이 숫자는 효율추구와 함께 배출가스 억제까지 실현했다. 말할 필요도 없이 이상을 추구하면서 기술로 쌓은 결과로서의 14. 그렇다면 그 이상이란 무엇일까. 다시 한번 스카이액티브라는 기술에 대해 배출가스 억제라는 관점에서 살펴보겠다.

일본의 자동차 애호가, 그 중에서도 기술을 주로 다루는 모터팬 일러스트 레이티드와 같은 매체의 애독자분들이라면 마쯔다가 만드는 스카이액티브 (Skyactiv) 엔진 기술에 관해서는 이미 파악하고 있을 것이다. 이례적으로 낮은 압축비를 가진 이 직접분사 디젤 과급엔진. 고팽창 대비 미러 사이클을 축으로 한 직접분사 가솔린 무과급엔진. 둘 다 현행 차종에 탑재하고 있어서 포드와 결별한 이후 판매나 자존감 측면에서 고군분투하는 마쯔다를 지탱하는 주력 파워 소스이다.

이 스카이액티브가 성립에 이르기까지의 기술적 로직에 관해서는 본지에서도 몇 번이나 소개한 바 있다. 이번 호는 NOx 특집이다. 그래서 이번에는 양 스카이액티브 장치를 NOx 저감이라는 관점에서 알아보기 위해 마쯔다 본사에 방문해서 설명을 듣기로 했다. 취재에 응해준 사람은 파워트레인 개발본부의 데라자와 야스유키 파워트레인기술 개발부장이다.

이번 주제가 NOx인 만큼 디젤 쪽에 중심을 두고 거기서부터 이야기를 들어보았다. 경유를 연료로 삼아 압축·착화시키는 디젤이라는 내연기관에서 NOx는 나와서는 곤란한 물질임에도 나오고 마는, 애를 먹이는 존재가 아닐 수 없다.

그래서 NOx가 왜 발생하는지 생각해보는 데서부터 시작한다.

애초에 분자 상태(N_2)로 대기 속에 존재하는 질소는 전형적인 불활성 가스이므로 산소 분자(O_2)와는 화합하지 않을 것이다. 만약에 쉽게 화합한다면 우리들 폐는 질소로부터 산소를 하나하나 분리하고 나서야 혈액 속으로 넣어야 한다는 이야기가 된다.

그런데 디젤 엔진의 연소실 안에서는 그런 상식이 안 통하는 것이다.

「연소 온도가 높아서 2000K 정도까지 올라가면 질소와 산소가 화합해 질소산화물이 만들어지는 것이다.」

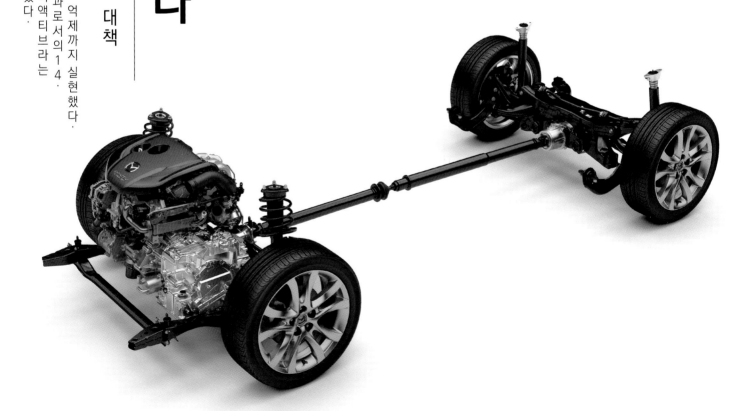

압축행정, 상사점에서
압축공기의 온도를 내리다.

압축행정, 상사점에서 압축공기의 온도를 내리다.
단열 압축해 고온 분위기 상태에서 연료를 분사함으로써 자기 착화시키는 것이 디젤의 연소방식이다. 그러나 기하학적 압축비를 너무 높이면 연료가 분사 직후에 착화하게 되고 실린더 안에서 국지적인 온도상승을 불러와 NOx가 발생한다. 그것을 피하기 위해서 팽창행정을 약간 희생하더라도 피스톤이 내려가고 온도가 떨어지고 나서 분사하게 된다. 왜 압축비를 낮추지 않느냐면, 냉간시동 시의 온도를 확보할 수 없기 때문이다. 그것을 해결하면 되는 것이다.

열역학 분야에서 사용되는 온도인 SI 기준 단위인 켈빈은 절대영도를 0켈빈, 물의 삼중점(물과 얼음과 수증기가 공존하는 온도) 0.01℃를 273.16켈빈으로 하는 것으로, 섭씨 온도 표기는 켈빈의 온도 표기에서 273.16을 뺀 숫자이다. 즉 2000K는 약 1700℃ 정도나 되는 것이다.

디젤 엔진에서 흡입 공기는 압축 상사점에서 600℃ 전후에 이르며, 거기에 연료를 분사하면 착화가 시작된다. 그때의 온도가 부분적으로 2000℃를 돌파한다. 그리고 상온에서는 화합하지 않을 질소와 산소가 화합한다.

「고온뿐만 아니라 일정한 시간도 필요하다. 질소 분자가 2000K로 올라갈 때까지 시간이 걸리기 때문이다.」

NOx가 만들어지는 메커니즘은 알았다. 현상을 알면 대책도 자연히 보인다. 요는 연소 온도가 연소실의 어떤 위치에서도 2000K 정도까지 올라가지 않도록 낮게 억제하는 되는 것이다.

연소 온도는 흡입한 공기량에 대해 연료가 가진 발열 에너지량으로 결정된다. 연소할 때 생기는 열에너지가 공기를 데우고 그것이 연소 온도 상승이라는 형태로 귀결되기 때문에 당연한 말이다.

「그래서 EGR을 채택하는 것이다.」

EGR 즉 배기가스 재순환이라는 방법은 1970년대에 가솔린 엔진의 배출가스 대책의 일환으로 고안된 것으로, 그때는 연소 온도를 억제하기 위한 목적으로 이용했고 현재는 부분부하 때의 스로틀 손실 저감에도 이용한다.

왜 EGR을 사용하면 연소 온도가 내려가는 것일까.

「그것은 배출가스 성분이 기본적으로 CO2이기 때문이다.」

유체가 쉽게 따뜻해지는 정도를 나타내는 수치로 비열비(比熱比)라는 것이 있다. 이것은 분자 구조에 의해 결정된다. 분자량 28인 질소나 분자량 32인 산소의 비열비는 1.40정도인데 반해, 분자량 44인 이산화탄소는 1.29로 비열비가 더 작다. 즉 따뜻해지기가 더 어려운 것이다. 때문에 EGR을 사용해 흡기 안에 이산화탄소를 많이 섞으면 섞을수록 연소 온도는 낮아지는 것이다.

「하지만 EGR 양을 늘리면 연소할 때 O2와 연료 분자가 만나 결합할 확률이 떨어진다.」

압축 상사점 부근에서 연료를 분사했을 때 연료인 경유 속의 탄화수소(알칸으로 분류되는 탄소수 14~20인 물질) 분자와 흡기 속의 산소 분자는 뒤섞이기 어려운 상태가 된다. 거기에 이산화탄소 분자가 대량으로 섞이면 그것이 HC와 CO2의 만남을 방해하게 되는 것이다.

그렇게 되면 HC 분자의 산화, 즉 연소라고 하는 현상이 제대로 이루어지지 않는다. 불완전 연소가 일어나면서 그을리게 되고 그을리면 그을음이 나오는 것은 누구나가 알고 있는 사실이다. 이때 디젤 엔진에서는 PM(Particulate Matter)이 발생하면서 배출가스 규제에 걸리게 되는 것이다. 그러면 감독관청에 의해 스카이액티브 –D의 판매가 중지된다. 어떻게든 하지 않으면 안 되는 상황인 것이다.

「거기서 몇 가지 해결책을 채택하게 것이다. 요는 HC와 CO_2를 잘 섞어주면 되는 것이다. 그래서 일단 섞는 시간을 길게 주게 된다.」

디젤의 연소는 3가지 프로세스를 거쳐서 일어난다. 처음에는 압축으로 발생한 열에 의해 분사된 HC가 국지적으로 O_2와 화합하면서 일어나는 다발적인 게릴라 연소이다. 이것을 사전 혼합연소라고 한다.

이렇게 발생한 초기 화염에 의해 그 주변의 연료에도 도미노 현상처럼 불이 붙어나가는데, 이것을 확산연소라고 부른다. 나아가 확산연소가 대체로 진행된 다음에도 나머지 연소가 꼬리를 물게 되는데, 이것을 후연소라고 부른다.

이 가운데 문제는 사전 혼합연소이다. 사전 혼합연소란 공기와 연료가 「사전에」「혼합된」 상태에서 연소가 일어난다는 것을 나타내는 말이지만, 실제 디젤에서는 「사전에 혼합되는」 것이 아니라 「잘 섞이지 않는」 상태에서 불이 붙기 때문에 그것이 이상연소가 되면서 NOx가 만들어지거나 PM이 발생하게 된다.

「그래서 충분히 섞일 때까지 시간을 벌기 위해서 저압축비에 도달하게 된 것이다.」

저압축비라면 압축 상사점의 흡입 공기 온도는 낮아진다. 보일–샤를의 법칙이다. 이렇게 해서 연료를 분사하면 연소가 시작될 때의 온도가 내려가기 때문에 연소 온도도 내려간다. 생각해 보면 그것이 당초의 목적이기는 하지만, 연소 온도가 내려가면 불이 늦게 붙는 현상도 일어나므로 이것이 연료와 공기가 잘 섞일 때까지 시간을 벌 수 있는 방법이 된다.

EGR로 CO_2를 대량으로 섞었을 때라도 당연히 장점이 생기는 것이다.

「예전의 디젤은 NOx 대책이 필요할 때 분사 타이밍을 지연시키는 방법도 사용했다.」

그 무렵까지는 착화를 지연시키는 만큼 분사 타이밍을 압축 상사점 훨씬 전에 두었다. 그것을 상사점 부근까지 늦추는 것이다. 이렇게 하면 착화지연 시간이 축소되면서

압축비 14DE에 이르는 과정

데라자와 부장은 마쯔다가 저압축비에 도달할 때까지의 진행과정도 순서대로 설명해 주었다. 확산연소를 주체로 하는 기존의 디젤 엔진부터 시작해 확산연소+대량 EGR을 거쳐 조기분사에 따른 예혼합 연소를 주체로 하는 과정에 도달한 뒤에는, 거기에 흡기를 40℃까지 냉각하는 방법의 적용을 확인한 상태에서 40℃ 냉각은 실험실 밖에서는 성립하지 않으므로 예혼합 연소+저압축에 도달한 스카이액티브-D 기술 구축을 완성했다고 한다. 아래 4가지 그림에서는 각종 운전조건에 따라 SOOT와 NO를 피하는 방법을 파악할 수 있다. (1500rpm-BMEP 300kPa / Boost 103kPa-abs : NEDO 연구)

	기존 확산연소	확산연소	기존 예혼합연소 +고EGR	예혼합연소	예혼합연소 +흡기냉각+저압축비
흡기 온도	70-80℃	100℃	70-80℃	40℃	70-80℃
λ	1.5이상	1.2-1.4	1.1-1.2	1.2-1.4	1.2-1.4
NOx 개선	×	○	◎	◎	◎
Smoke 개선	○	×	◎	◎	◎
HC/CO의 악화 없음	○	△	×	×	△
분사시기로 착화시기를 제어	○	○	×	○	○
노킹음	○	○	○	○	◎

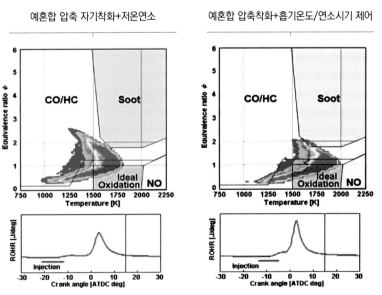

기존 확산연소　　기존 확산연소+EGR

예혼합 압축 자기착화+저온연소　　예혼합 압축착화+흡기온도/연소시기 제어

연소 추이도 늦어지고 연소실 압력도 내려가므로 연소가 급격하게 일어나지 않고 균일해지면서 결과적으로 NOx가 발생하기 어려워진다. 70년대에는 배출가스 테스트 주행모드에서만 타이머로 지연을 거는 트릭이 문제가 된 적도 있었다. VW 디젤 게이트도 원시적인 방법을 썼던 것이다.

「분사시기를 상사점보다 뒤로 늦추는 것은 압축비를 내리는 것과 똑같은 것이다. 게다가 고압축을 하기 때문에 괜한 압축작업 만큼 낭비가 되는 셈이다.」

그렇다면 처음부터 저압축비가 맞았다는 뜻이다.

잘 섞는 작업은 다른 요소도 기여할 수 있다. 예를 들면 인젝터 개량이 그렇다. 커먼레일 고압분사가 가능해진 것이다. 분사구멍도 개선되어 더 미세한 무화가 가능해졌을 뿐만 아니라 인젝터 하나에 5개나 6개의 구멍을 만들 수 있게 되었다. 또 피에조 소자를 이용해 짧고 단편적으로 몇 번이나 분사하는 것이 가능해졌다. 스카이액티브-D가 사용하는 인젝터는 구멍이 10개인 피에조 방식으로, 1분 동안에 1112cc의 분사를 가능하게 하는 고압 타입이다. 이것을 사용해 스카이액티브-D는 한 번의 연료 사이클에서 최대 13회를 분사한다.

「기본적으로는 5회이다. 상사점 전에 3회, 뒤에 2회이다. 이와 더불어 DPF 재성을 위해 분사하는 것이 최대 8회입니다. 그래서 13회가 되는 것이죠.」

이 DPF(Diesel Particulate Filter)의 재생 부분에 관해서는 뒤에서 살펴보겠다.

이 밖에도 피스톤의 형상도 당연히 개량했다. 직접분사 디젤은 피스톤 헤드 면이 움푹 파여 있을 뿐만 아니라, 이 파인 중심부분에만 바로 위에서 분사되는 연료가 넓게 퍼지도록 작고 급격한 경사를 이룬다.

「그런 형상을 지금은 시뮬레이션을 통해 상당한 수준까지 만들 수 있게 되었다.」

마쯔다는 가솔린 엔진 분야에서는 보어 지름이 달라도 같은 연소를 일으키는 기술 노하우를 갖고 있다고 자긍심에 차 있는데, 디젤도 그럴까.

「그렇게 까지는 아니기 때문에 하나씩 개발해 나가는 중이다.」

아텐자, CX-5, 악셀라용 2.2ℓ 와 데미오, CX-3용 1.5ℓ 의 피스톤 형상은 각각 독자적으로 개발했다고 한다.

「독자적이라 하더라도 같은 사람이 개발했기 때문에 기술적으로는 동일한 로직을 거쳤다.」

이야기를 바꾸어서, 대량으로 EGR을 해서 더 좋은 연소를 일으키려면 터보 과급의 도움이 필요하다.

「O₂를 줄이지 않기 위해서다.」

EGR 양을 늘리면 한 번에 흡입한 체적 가운데 O₂ 분량이 줄게 된다. 그렇게 되면 PM이 그을어서 만들어진다. 그런 상태에서 터보 과급으로 계속해서 새로운 공기를 강제적으로 보내주는 것이다. 흡기의 기세가 강해짐으로써 연료와 공기의 혼합도 좋아진다. 착화 지연도 줄고 연소시간도 짧아져 시간 손실도 줄일 수 있다. 현대의 디젤은 터보 과급 없이는 생각할 수 없을 만큼 절대적인 것이다.

덧붙이자면, 마쯔다는 2.2와 1.5 2종의 스카이액티브-D 각각에 별도의 과급 시스템을 사용하고 있다. 1.5는 VG(가변 지오메트리) 터보 하나로, 2.2는 2스테이지의 트윈 터보로 과급한다. 후자는 부하가 작을 때는 지름이 작은 터보만 사용하고, 부하가 클 때는 지름이 큰 터보로 전환하는 시퀀셜 트윈터보이다. 1.5가 싱글인 것은 가격적인 고려 때문인지 물었더니, 차량 탑재성 때문이라고 한다. B세그먼트의 좁은 엔진 룸 안에 2개의 터보차저는 확실히 장착하기 쉽지 않을 것이다.

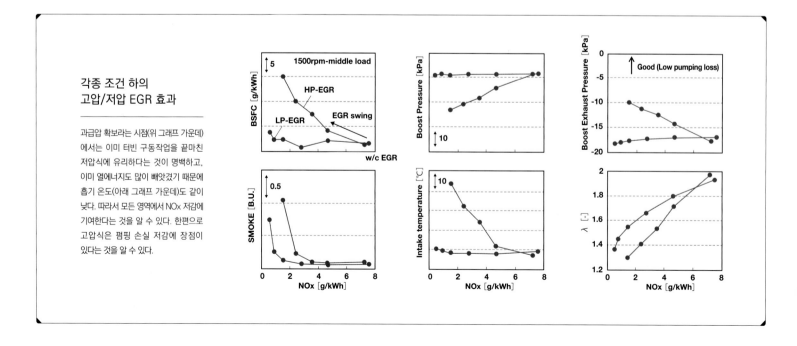

각종 조건 하의 고압/저압 EGR 효과

과급압 확보라는 시점(위 그래프 가운데)에서는 이미 터빈 구동작업을 끝마친 저압식에 유리하다는 것이 명백하고, 이미 열에너지도 많이 빼앗겼기 때문에 흡기 온도(아래 그래프 가운데)도 같이 낮다. 따라서 모든 영역에서 NOx 저감에 기여한다는 것을 알 수 있다. 한편으로 고압식은 펌핑 손실 저감에 장점이 있다는 것을 알 수 있다.

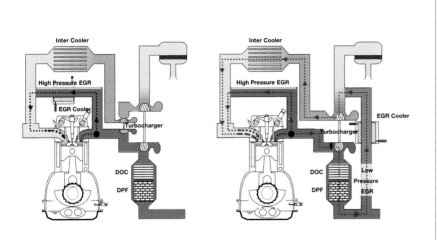

스카이액티브-D 2종의 EGR 대책

왼쪽이 D2.2이고 오른쪽이 D1.5이다. 2.2는 과급능력이 뛰어난 2스테이지 터보를 이용함으로써 대량의 EGR을 도입해 깨끗한 연소를 실현하였다. 그 결과 NOx 후처리 장치 없이 포스트 신장기 규제를 통과한 것은 이미 알려진 사실이다. 1.5는 비용 문제 때문에 터보는 1개만 사용하지만, 고압식 외에 저압식 EGR을 채택함으로써 과급압을 최대한 확보해 대량의 EGR을 도입하였다. TC는 회전 센서를 갖추고 있어서 가변 베인을 제어한다. 저압 쪽에는 EGR 쿨러를 개입해 가스 온도를 낮춘다.

스카이액티브-D2.2의 2스테이지 터보

아래 방향으로 소형의 고압 터보차저, 위 방향으로 대형의 저압 터보차저를 장착한 구조. 저속회전 저부하 영역에서는 소형터보를 최대한 으로 활용해 응답성을 확보한다. 저속회전 고부하 영역에서는 소형 터보를 최적으로 제어하는 한편으로, 고속회전 영역에서 배기 에너지를 충분히 계산할 수 있는 상황에서는 소형 터보를 레귤레이터 밸브를 통해 바이 패스시키고 대형 터보만 사용해 과급한다.

스카이액티브-D1.5의 흡기 시스템

저압 EGR이 NOx 저감 대책에는 확실히 유용하지만, 파이프의 길이 및 파이프의 체적이 커서 응답성에 어려움이 있다. 또 EGR 쿨러를 이용해 가스 온도를 가능한 낮게 낮출 필요도 있다. 1.5는 수냉식 인터쿨러를 흡기 매니폴드 일체 구조로 만들어 이용함으로써 최단경로로 인테이크 쪽을 구축해 응답성을 확보한다.

그분만 아니라 마쯔다는 EGR 시스템도 양쪽에 구분해서 사용한다.

「2.2는 터빈에 들어가기 전 단계에서 배기를 빼낸다. 그렇게 하면 배기 압력이 줄어들기 때문에 이론적으로는 터보 효율이 떨어진다. 하지만 소형 터보와 대형 터보 2 스테이지로 작동하기 때문에 괜찮은 것이다. 과급은 확실하니까요.」

하지만 배기량도 작은 편이고, VG라고는 하지만 싱글 터보만 사용하는 1.5에서는 그렇게 되지 않는다.

「그래서 EGR 경로를 2계통으로 나누었다. 터보 전의 고압 부분에서 돌리는 경로와 터보와 DPF 뒤쪽의 저압 부분에서 돌리는 경로로 말입니다.」

모든 EGR 양을 터보 전부터 돌리게 되면 VG 싱글에서는 터빈이 원하는 만큼 힘을 못 쓰게 되는 것이다.

「다만 저압 경로 쪽은 응답성이 나빠진다.」

응답성을 개선하려면 경로 길이를 짧게 하는 것이 원칙적인 방법이다. 그래서 흡기 냉각 시스템까지 다르게 해서 이것을 실현 했다. 2.2는 컴프레서에서 나온 가압 흡기가 차체 앞쪽에 설치된 공랭 인터쿨러를 지나고 나중에 EGR이 합류하면서 흡기 매니폴드로 들어간다. 원래는 EGR도 냉각시키고 싶었을 것이다.

EGR 성분의 온도가 낮으면 연소 온도를 낮추는데 기여할 뿐만 아니라 체적효율도 올라간다. 그런데도 2.2 EGR을 쿨러로 냉각 하지 못 하는 것은 아직 DPF를 통과하지 않은 배기인 관계로 함유되어 있는 그을음 으로 인해 코어가 막히는 것을 피하기 위해서 일 것이다.

한편 1.5는 고압 경로 쪽은 2.2와 마찬가지로 흡기 매니폴드로 직접 유도되지만 저압은 흡기계통으로 합류한다. 그 수냉 쿨러는 흡기 매니폴드에 내장되도록 설계함으로써 경로 길이를 줄이고 있다.

추가하자면, 그 수냉 쿨러의 냉각수는 엔진 냉각 라디에이터와 공용으로 쓰지 않고 전용 냉각수를 사용한다. 엔진 냉각수 같은 경우는 따뜻할 때가 90℃ 전후이므로 그 이상에서는

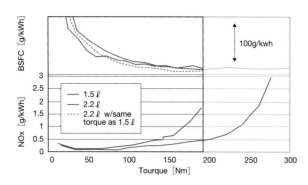

큰 배기량의 전환은 비용이 들지 않는 배기 장치

출력 추구와 미래 전망. 배기량이 작은 엔진과 비교해 상대적으로 대량의 EGR 도입이 가능한 큰 배기량으로 작은 배기량과 같은 성능을 낸다면 상당한 NOx 저감과 저저항, 뛰어난 응답성을 실현할 가능성이 있다. 뿐만 아니라 NOx 후처리 장치를 사용하지 않아도 되기 때문에 저렴한 비용의 엔진을 만들 수 있다. 배기량이야말로 최적의 배기 장치인 것이다.

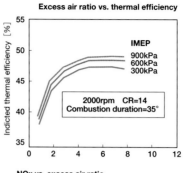

스카이액티브-G의 NOx 저감대책에 관한 미래 전망

공연비 2.2 이상이 되면 NOx 생성이 제로로 떨어진다. 그러나 희박한 연소는 착화가 어렵기 때문에 압축 자기착화를 노려야 한다. 가솔린엔진에서 예혼합을 해야 하므로 HCCI가 해결책이다. 마쯔다 가솔린엔진의 궁극적인 모습은 스카이액티브-G가 도달해야 하는 최종 도착점이다.

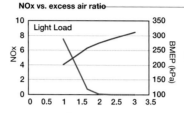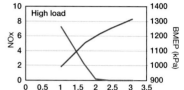

EGR을 식히지 못 한다. 더 차갑게 하고 싶은 대목이다.

「그렇기는 하지만 너무 차갑게 하면 과급했을 때 배기 속의 수증기 성분이 응고해 물이 된다. 그것이 흡기 매니폴드에 고였다가 조건에 따라서는 얼음으로 바뀔 수도 있다.」

지나친 것은 미치지 못 한 것과 같다.

이렇게 세계에서 제일 낮은 14라고 하는 압축비에 다양한 방법을 추가함으로써 스카이액티브-D는 NOx 후처리 시스템을 사용하지 않고 엔진 본체만으로 법 규제를 통과했다. 하지만 법규제가 점점 엄격해지고 있기 때문에 앞으로도 현재 상태에서 통과하지는 못 할 것이다. 그래서 후처리 시스템에 관해서도 물어보았다.

먼저 DPF. 이것은 필터로 그을음 입자를 포집한 뒤, 병설한 산화촉매로 연소시키는 시스템이다. 산화촉매를 작동시키려면 연료가 필요하다. 그래서 인젝터는 연소가 끝난 시점에서 충분히 분사하는 것이다.

「한 번에 분사하면 라이너에 연료가 달라붙은 다음 밑으로 떨어져 오일을 희석한다. 그래서 8회로 나누어서 조금씩 분사하는 것이다.」

그 DPF의 가격이 상당히 떨어졌다고 한다.

「처음 나왔을 때는 꽤나 비쌌지만, 지금은 각 회사마다 여러 가지 종류를 내놓고 있기도 하고 또 전 세계의 디젤이 탑재하고 있으니까.」

그 능력도 과도할 정도인 것 같다.

「하지만 NOx 촉매는 그렇게 까지는 안 될 것이다.」

어쨌든 사실상 보쉬의 과점(寡占)인 요소 SCR 방식은 여기저기에서 취합한 정보를 종합해 보건데 흡착식의 3배 정도나 하는 것 같다. 가격이 엔진 본체나 그 이상이라는 소문도 들었다. 그렇게까지 비쌀 필요가 있을까. 또 정화효율은 얼마나 할지도 궁금하다.

「이론적으로는 90%를 넘는다. 다만 현실적으로 그렇게까지는 힘들다.」

엔진을 낮은 부하로 순항 주행할 때는 연료 분사량도 적어서 배기 온도가 200℃나 그 근방까지밖에 올라가지 않는다. SCR 촉매도 데워지지 않기 때문에 최적의 상태로 작동해주지 않는 것이다.

「작동영역 측면에서는 흡착촉매 쪽이 더 좁다. 이론효율은 100% 가까이나 되지만」

그리고 흡착촉매는 유황 노출에도 취약하다. 그래서 경유를 탈류(脫硫)하지 않은 지역에서는 사용하지 못 하는 것이다.

그래도 배출가스 규제값이 더 심해지면 결국 스카이액티브-D에서도 NOx 촉매를 사용하게 될까.

하지만 데라자와 부장은 마쯔다에서는 다른 방법론도 생각하고 있다고 한다.

「조금 전에 설명했듯이 1.5에서 어려운 점은 EGR을 대량으로 하기가 힘들다는 것이다. 하지만 배기량을 1.5의 최고 출력이나 최대토크로 억제한 상태에서 2.2로 올리면 EGR 양을 더 늘려서 NOx를 줄일 수 있다.」

배기량을 늘린다는 것은 보어×스트로크가 늘어나야 하므로 엔진이 커지게 된다. 하지만 1.5와 같은 출력 토크로 충분하다면 높은 연소압력에 견딜 필요가 없어진다. 그럼 블록의 강성을 낮춰도 되므로 엔진의 중량이 늘어나지 않아도 되고, 메인 베어링도 작게 할 수 있으므로 마찰손실이 줄어들면서 응답성도 향상된다.

상당히 고가인 NOx 촉매를 쓰지 않아도 되므로 조달 가격 상승도 최소한으로 끝난다. 보어의 증대로 인해 보어 중심 간 피치가 늘어나더라도 마쯔다의 엔진 생산 라인은 거기에 좌우되지 않고 같이 생산할 수 있는 능력을 갖추고 있기 때문에 생산 비용도 올라가지 않는다.

이것이 바로 마쯔다가 내세우는 업 사이징 콘셉트이다. 커진 엔진이 엔진 룸 안에 들어가야 한다는 조건이 붙기는 하지만 독창적인 솔루션이 아닐 수 없다. 방해 거리는 배기량의 과다로 금액이 결정되는 케케묵은 세제이다.

그럼 이번에는 스카이액티브-G로 화제를 옮겨보자.

가솔린이 이렇게 빌붙는 취급을 받는 것은 NOx 정화 솔루션이 아주 오랜 옛날에 완성되었기 때문이다. 1970년대에 개발된 삼원촉매는 HC와 CO 및 NOx를 한꺼번에 분해해 무해화하는 것을 가능하게 했다.

「그 이론 효율은 99.9999…%나 된다.」

하지만 조건도 있다. 먼저 이론공연비(비율적으로 공기14.7:연료 1인 공연비)가 아니면 삼원촉매는 그렇게 이론대로 작동하지 않는다. 예전에는 급하게 액셀러레이터를 밟을 때에 엔진 반응이 늦는 것을 보완하기 위해서 그때만 연료를 추가적으로 늘려주는 식이었다.

하지만 공연비가 농후해지면 삼원촉매가 기능하지 않게 되는데 그럴 때 희박해지는 공연비를 순간적으로 강하게 섞어서 민첩성을 맞추는 등, 일종의 장인 기술이 제어에 필요했다. 또 디젤과 마찬가지로 삼원촉매에도 최적의 작동온도라는 것이 있다.

「그래서 흡기공정과 배기공정을 분리해 언료를 분사하거나, 점화도 뒤에서 일으킨다. 그를 통해 후(後)연소 같은 현상이 발생하게 만듦으로써 촉매의 입구 온도를 높여가는 것이죠」

그때는 배기 매니폴드 안에서도 상당한 연소가 일어난다. 이 배기 매니폴드나 연소실 모두 합쳐서 전체적으로 공연비가 이론공연비에 가까우면 삼원촉매는 제대로 기능한다는 것이다.

덧붙이자면 그런 촉매 활성화라는 측면에서는 스카이액티브-G가 이용하는 밀러 사이클이 통상적인 사이클의 엔진보다 힘들 것이다. 압축비와 비교해 팽창비가 높기 때문에 배기 온도가 아무래도 낮아지기 때문이다. 규제값이 더 올라갔을 때의 대책은 있을까.

「린번이다. 이론적으로 따지면 가솔린 엔진은 여전히 연소 시간이 길다. 린번으로 하면 그 점을 개선할 수 있어서 효율을 더 높일 수 있다.」

그러나 공연비가 이론공연비를 벗어나 너무 희박해지면(Lean) 삼원촉매가 기능을 하지 않게 되는 것은 아닐까.

「그것은 공기 과잉률을 2.2 수준까지 올리면 됩니다」

공기 과잉률이란 절대로 농후한(Rich) 공연비는 사용하지 않는 디젤 엔진 세계에서만 사용하는 용어로서, 가솔린 세계에서 많이 사용하는 공연비(A/F)로 말하면 30 이상이나 될 정도로 매우 희박한 공연비를 말한다.

「저부하든 고부하든지 간에 공기 과잉률이 2.2 이상이 되면 NOx가 생성되지 않는다는 사실이 파악된 것이다.」

공연비가 희박하다면 화합하는 산소가 없어서 불완전 연소함으로써 발생하는 HC나 CO는 나오지 않을 것이다.

「다만 거기까지 공기 과잉률을 높이면 점화 플러그로는 불을 붙이기 힘들어서 HCCI를 사용해야 한다.」

HCCI란 Homogeneous Charge Compression Ignition의 약자로서, 예혼합 압축착화를 말한다. 즉 디젤처럼 압축해서 자기 착화하는 엔진을 말한다. HCCI에서는 제어불능의 이상 자기착화(Knocking)를 피하기 위해 대량의 EGR을 병행해서 낮은 연소온도로 천천히 진행시키기 때문에 NOx가 발생하지 않는다. 이것을 실현하기 위해서 압축비는 현재 상태인 14보다 더 높은 18 근처를 계획하는 것 같다.

현재 상태에서 HCCI 연소가 가능한 것은 경부하에서 부하율이 크게 변동하지 않는 조건이 있어서, 급가속할 때는 플러그로 착화하는 병행 타입이 현실적인 타협점이라고 한다. 또 그런 요소 외에 공연비가 희박하면, 가령 효율은 좋아도 출력이나 토크의 절대값이 나오기 힘들 것이다. 그러나 앞서 언급한 업 사이징 이론은 가솔린에도 적용할 수 있다. 비출력은 바꾸지 않고 배기량으로 확보하면 되는 것이다.

자국 수요에 특화한 다운 사이징 과급을 과신한 나머지 세계의 엔진 기술 트렌드를 교란시킨 독일 자동차 회사와 대척점을 이루면서 그들을 깜짝 놀라게 한 업 사이징 무과급 콘셉트. 이런 새로운 이론을 해설하거나 취재하는 일이 신차 시승기를 쓰는 일에 비하면 몇 배나 힘들고 어렵기도 하지만 즐거움도 또 몇 배나 크다.

이륜차의 NOx 규제가 본격화한 것은 2006년도였다. 유럽에서 유로3 규격을 도입하고 거기에 준하는 형태로 일본에서도 「1996·97년 규제」를 시행한다. 이 시행을 통해 그때까지의 NOx 배출량 0.3g/km에서 0.15g/km로 대폭 감축된다.

이 이전의 이륜차에서는 거의가 현재의 자동차에 이용하는 삼원촉매 같은 후처리 장치가 없었다. 설령 있었다 하더라도 배기관으로의 2차 공기를 도입하는 에어 인덕션 또는 거기에 산화촉매(이원촉매)를 조합한, HC나 CO 처리를 목적으로 한 것이었다. NOx에 대해서는 거의 후처리 없이 통과할 수 있을 정도의 규제 값이었던 것이다.

이륜차를 일반적인 자동차와 비교하면 주행성능을 성립한 상태에서 필요 최소한의 요소로만 구성되었다고 해도 과언이 아닐 정도로 간소하고 작다. 때문에 장치 추가가 쉽지 않다는 사정이 있었다. km 단위는 물론이고 몇 백g 단위의 중량만 추가하더라도 그 장소에 따라서는 조종성과 안정 성능에 큰 영향을 끼치게 된다.

심지어는 삼원촉매에 필수적이라고 할 수 있을 뿐만 아니라 공연비 제어에 필요한 전자제어 인젝션도 2000년대에 들어와서야 겨우 보급되었고, 규제하려고 해도 기술적인 문제도 적지 않았다.

계란이 먼저인지 닭이 먼저인지 하는 측면도 있지만, 2006년이라는 시기는 다양한 요소가 숙성된 타이밍이기도 했다. 특히

모터사이클과 촉매

본문 : 다카하시 잇페이 사진 : 야마하/MFi

야마하 발동기한테서 듣는 이륜차의 배출가스 대책

고속회전·고출력이 매력 포인트 가운데 하나인 모터사이클용 엔진. 라이더는 엔진 거동에 민감하기 때문에 이것은 상품성과 직결되어 있다. 때문에 제조사는 이 느낌의 추구에 여념이 없다. 이런 상황에서 이미션과 성능은 어떻게 양립하고 있을까. 야마하 발동기의 엔지니어에게 들어보았다.

야마하 YZF-R1
불과 998cc 배기량에서 147.1kW(200ps)나 되는 최고 출력을 발휘하는 YZF-R1. 포트 분사 이면서압축비는 디젤에 육박하는 13.0:1이다.
최고 출력은 13,500rpm에서 발생하고, 레드존이 14000rpm이나 될 만큼 초고속회전 엔진이다.

메탈 담체와 코디어라이트 담체

자동차에서는 세라믹 계열의 코디어라이트(근청석) 담체(우)를 많이 사용하지만, 진동이 많고 공간적인 제약이 큰 이륜에서는 용접으로 고정할 수 있는 메탈 담체(좌)가 주류이다.

YZF-R1의 배기관 구성과 촉매 배치

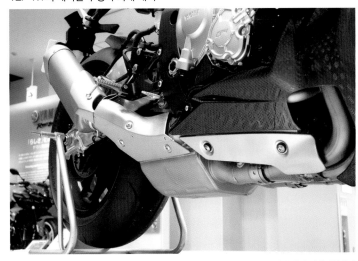

촉매는 운동성에 대해 영향이 적은 유일한 "빈 공간"인 오일 팬과 후방 타이어 사이에 설치. 운전 영역 범위에 대응하기 위해서 2계통의 촉매를 상황에 맞춰서 사용한다.

2차 에어장치를 통한 배출가스의 재반응

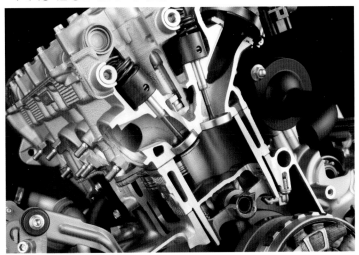

촉매는 운동성에 대해 영향이 적은 유일한 "빈 공간"인 오일 팬과 후방 타이어 사이에 설치. 운전 영역 범위에 대응하기 위해서 2계통의 촉매를 상황에 맞춰서 사용한다.

공랭 엔진과 카뷰레터

현재도 야마하는 수많은 공랭 엔진 차를 판매한다. 사진은 40년 가까이 판매되고 있는 SR400(카뷰레터 사양 시). 현재는 인젝션으로 바꿔 유로4 규제에 대응할 계획이다.

기술적 제약이라기보다 비용적인 측면도 있어서 인젝션화의 파도가 마지막으로 도달한 원동기 장착 등의 소형 기종에서는 이 시기를 기다리지 않고는 앞서 언급한 규제를 통과하기는 실질적으로 불가능했을 것이다.

현재 스쿠터를 제외한 이륜차 대부분은 촉매를 엔진 아래쪽에 장착한다. 4기통 등의 멀티 실린더 같은 경우는 배기관의 집합부와 사일런서 사이 또는 조금 더 아래쪽의 사일런서 입구 내부 등, 장착 위치가 일반적으로 정해져 있다.

이것은 앞서 언급했듯이 이륜차에서는 구성 상 공간을 확보할 수 있는 장소가 한정적이기 때문이다. 촉매를 생각해 보면, 엔진의 배기 포트에서 나와 아주 아까운 위치에서 배기관을 모은 다음 그곳에 배치하는 것이 좋지만, 일반적인 병렬배치인 멀티 실린더 차에서는 그 부분은 엔진 근처까지 스트로크하는 앞 타이어를 위한 공간이다.

가령 거기에 촉매를 장착하려면 엔진과 프런트 휠의 거리를 크게 두어야 하겠지만, 약간의 수치가 조종 안정성에 큰 영향을 끼치는 이륜차의 경우는 이것이 큰 문제이다. 이런 배치로는 스포츠 바이크는 일단 성립하지 않는다. 타이어 2개로만 지면을 박차고 달리는 이륜차에서는 자동차처럼 뒷바퀴의 조향각 제어 등과 같은 빠져나갈 방법이 존재하지 않기 때문이다.

한 걸음 더 들어가자면, 배기 포트에서 집합부까지의 거리를 길게 잡은 배기 파이트(배기 매니폴드)에는 이륜차가 가진 큰 매력 가운데 하나인 뛰어난 동력성능을 지탱한다는 중요한 목적도 있다.

물론 이런 위치에 배치하는 촉매의 성능을 최대한으로 끌어내기 위해서 점화시기의 지각이나 에어 인덕션 기구를 통한 2차 공기의 도입 등, 여러 가지 방법을 적용한다. 치수가 다르기는 하지만 촉매 자체는 자동차에 이용하는 것과 완전히 똑같다. 엔진 쪽에서 촉매 상태에 맞추는 것이다.

「이륜이라고 해서 배출가스 특성이 특별히 다른 것은 없다. 똑같지 않으면 삼원촉매는 사용할 수 없겠죠」(엔지니어)

흥미로웠던 것은 이륜의 상징적 존재라 할 수 있는 공랭 엔진에서도 이런 경향은 바뀌지 않는다는 것이다.

「공랭은 쉽게 데워지므로 촉매의 조기 활성화 등과 같은 장점도 있다. 공랭이라고 해서 딱히 어려운 점은 없다.」(엔지니어)

야마하에서는 현재도 많은 공랭 엔진 차를 만들고 있다. 그중에서도 400cc 단기통 엔진을 탑재하는 SR400은 1978년부터 계속 만들고 있는 롱 베스트셀러이다.

당연히 처음에는 연료공급이 카뷰레터 방식이었지만, 환경규제에 대응하기 위해서 2009년에 인젝션으로 바꾸었다(정확하게는 2008년에 한 번 라인업으로 모습을 감춘 상태에서 재등장한 것이었다). 기존의 후속 모델로 2017년부터 적용하고 있는 유로4 규제에도 대응하고 있고, 2020년부터 시작되는 유로5 규제 대응을 위한 개발도 진행 중이라고 한다.

2006년부터 시작된 유로3에만 대응하기 위해서라면 카뷰레터로도 가능했지만, 더 미래를 내다보고 전자제어 인젝션을 도입한 것이다.

덧붙이자면 이 SR400의 등장은 1978년이었지만 원래는 1976년에 오프로드 모델로 등장한 XT500이 베이스로, 엔진이 40년이나 더 된 것이다. 그것이 최신기술을 적용하면서 현재도 당당히 달리고 있다는 사실이 실로 대단하다. 감성적이고 핸들링 등에서도 독특한 세계관을 유지하고 있는 야마하 발동기의 자세를 엿볼 수 있는 대목이다.

반은 사족으로 이야기하자면, 예전에 북미에서 시행된 머스키법으로 인해 그 여파가 이륜차에까지 미쳤을 무렵, 누구나가 시대의 종언을 맞을 것으로 예상했던 2스트로크 엔진을 야마하 발동기에서 정열적으로 대처해 훌륭하게 개화시킨 일화가 있다. 바이크 애호가가 아니더라도 그 이름을 들어본 적이 있을 것이다. 2스트로크 병렬 2기통인 RZ250/350이다.

오토바이크 다운 심플한 구조와 파워 때문에 인기가 높았던 2스트로크 엔진에 힘을 쏟아 RZ의 전신인 공랭 병렬 2기통인 RD400(1979년)에 HC와 CO를 억제하는 배기 장치를 추가한 야마하 발동기는, 더 감성에 호소하는 성능과 환경 성능을 양립시키기 위해서 차세데 모델인 RZ250/350에서 수냉 방식을 감행(북미나 유럽에서는 RD350LC로 판매). 당시에 수냉은 같은 클래스의 이륜에서는 전례가 없는 최첨단 메커니즘이었다.

수냉 방식 전환을 통해 환경 성능을 확보하면서 예전에는 없던 고성능 획득에 성공한 RZ250/350은 공전의 히트를 치면서 1980년대 초부터 1990년대 전반에 걸친 바이크 붐의 계기 가운데 하나로 작용한다. 이와 더불어 타사에서도 2스트로크를 다시 만들기 시작하면서 꺼져갔던 불이 다시 타오르기 시작한 것이다.

당시에 배출가스 규제의 진원지였던 북미에서 더 강력한 규제책들이 등장했기 때문에 RZ시리즈는 2세대인 RD350LC2(북미 사양 이름. 일본에서는 RZ350R)를 마지막으로 결국 북미 판매를 끝내게 되지만, 북미 최종 모델에 산화촉매를 추가하는 등 혼신의 노력을 쏟기도 했다.

2020년부터 시행 예정인 유럽의 유로5 규제는 배출가스 기준이 자동차와 똑같을 만큼 강력한 규제이다. 앞서 언급했듯이 많은 제약 속에서 대응해야 하는 이륜차가 어려운 현실에 부딪친 것은 틀림없다. 그렇다면 어떤 희생이 요구될 가능성도 있을 것이다. 그러나 이런 야마하 발동기의 에피소드를 듣다 보면 비관적인 걱정은 필요 없어 보인다. 오히려 예전의 RZ처럼 다시 뭔가가 일어날지도 모른다.

유럽의 이륜차 배출가스 규제값

	대응	모드	CO	THC	NMHC	NOx	PM
EURO 3 (현행2006年~)	배기량150cm³미만	UDC	2.0g/km (2000mg/km)	0.8g/km (800mg/km)	—	0.15g/km (150mg/km)	—
	배기량150cm³이상	UDC+EUDC	2.0g/km (2000mg/km)	0.3g/km (300mg/km)	—	0.15g/km (150mg/km)	—
EURO 3 (등가규제값)	최고속도130km/h미만	WMTC	2.62g/km (2620mg/km)	0.75g/km (750mg/km)	—	0.17g/km (170mg/km)	—
	최고속도30km/h이상	WMTC	2.62g/km (2620mg/km)	0.33g/km (330mg/km)	—	0.22g/km (220mg/km)	—
EURO 4 (2016~)	최고속도130km/h미만	WMTC (Class 1/2)	1140mg/km	380mg/km		70mg/km	—
	최고속도130km/h이상	WMTC (Class 3)	1140mg/km	170mg/km		90mg/km	—
EURO 5 (2020~)	ALL L-category	Revised WMTC	1000mg/km	100mg/km	68mg/km	60mg/km	4.5mg/km (분사만)

* 대상·Class 1: 총배기량 0.050ℓ 초과 0.150ℓ 미만에, 최고속도 50km/h 이하 또는 총배기량 0.150ℓ 미만에, 최고속도 50km/h 초과 100km/h 미만인 이륜차
* 대상·Class 3: 최고속도 130km/h 이상
* 모드·UDC: Urban Driving Cycle/저속주행 모드
* 모드·EUDC: Extra UDC/고속주행 모드
* 모드·WMTC: Worldwide-harmonized Motorcycle Test Cycle *모드·Revised WMTC: 현행 WMTC의 개정판. 상세한 것은 미정

【취재협력】--------------------------------

엔진유닛 엔진개발총괄부 선행개발부 주사
: 니시가키 마사토
엔진유닛 엔진개발총괄부 엔진종합실험부 F1그룹 주무
: 고스기 요시츠구
엔진유닛 콤포넌트총괄부 유닛기술부 배기그룹 주사
: 하카마다 유다로
엔진유닛 콤포넌트총괄부 유닛기술부 배기그룹 리더
: 데라지마 야스히토
엔진유닛 콤포넌트총괄부 재료기술부 촉매기술개발그룹 리더 공학박사
: 하라다 히사시

NOx와의 다툼, 가격과의 전쟁

촉매의 현재와 과제 – 캐탈라(CATALER)

자동차의 배출가스 대책은 크게 공연비와 연소, EGR 같은 엔진 본체 쪽에서 처리해야 하는 방법과 거기서 제거하지 못한 것을 후처리하는 방법으로 나눌 수 있다. 후처리 장치의 대표적인 것은 촉매이다. 촉매의 종류와 시스템에 대해서는 본지에서도 여러 번 다루었지만, 본 특집에서는 촉매 제조회사를 통해 현재 상태의 문제점과 앞으로의 전망에 대해 들어보기로 했다.

본문 : 미우라 유지(MFi) 사진&수치 : 캐탈라/마키노 시게오

일단 가장 먼저 취재하러 간 캐탈라라고 하는 기업부터 소개하도록 하겠다.

1967년에 CO 정화촉매을 개발하기 위한 목적으로 설립된 캐탈라는 1973년에 토요타 자동차 공업으로부터 자동차용 촉매와 관련된 연구개발 업무를 위탁받아 이듬 해 삼원촉매 실용화에 크게 공헌한 이후, 토요타 그룹의 촉매개발·제조거점으로서 사업을 펼치고 있다.

제품 공급처는 토요타, 후지중공업, 다이하쓰 같은 토요타 자본 관련 기업이 대다수이지만, VW이나 GM에도 공급하기 시작하면서 글로벌 전개를 도모하고 있다. 또 배출가스 대책용뿐만 아니라 연료전지로 수소와 산소를 활성화시키기 위한 전극촉매(미라이용)에도 기술력을 쏟고 있다.

자동차용 촉매의 매출액은 존슨&매티, BASF, 유미코아(유미코아 일본촉매)에 이은 4위로서, 약 10%가 넘는 세계 점유율을 갖고 있다. 이번에는 캐탈라의 가솔린 촉매 개발담당인 사카가미 신고씨와 디젤 촉매 개발담당인 아오노 노리히코씨가 취재에 응해 주었다.

가 격

대표적인 촉매로 가솔린차에 사용하는 삼원촉매는 세라믹으로 된 허니콤 담체에 귀금속(레어 메탈)을 코팅한 구조로서, 그 안을 통과한 배출가스에 산소를 공급하거나(산화반응), 반대로 산소를 빼앗아(환원반응) CO·HC·NOx 3대 유해물질을 무해한 물(H_2O) 또는 이산화탄소(CO_2), 질소(N_2)로 바꾸는 구조이다. 사용하는

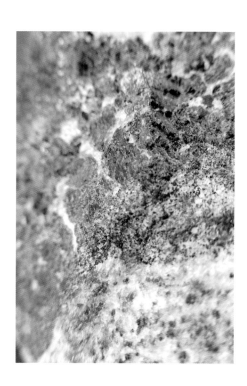

촉매에 사용되는 귀금속과 그 화합물

Pd계 약제 Pd Solution

Rh계 약제 Rh Solution

세륨산화물 Cerium Oxide

알루미나 Alumina

왼쪽 사진은 남아프리카에서 채굴된 백금족 광물 원석이다. 이 안에 백금을 비롯해 로듐과 팔라듐이 포함되어 있지만, 광석 1t 안에 이들 귀금속은 불과 6g밖에 없다. NOx의 환원정화력이 높은 로듐은 특히 희소해서 백금 공급량의 15% 이하, 그것도 대부분은 자동차용 촉매에 사용된다. 당연히 가격은 비싸기도 하고 백금이나 팔라듐에 비해 가격 변동도 크다. 삼원촉매로 로듐을 많이 사용하면 좋지만 그것도 쉽지 않은 것이, 가령 그 희소성과 비싼 가격 때문에 수급 균형을 무너뜨릴 수 없다는 것을 시장 상황에서도 엿볼 수 있다.

촉매용 귀금속의 가격 동향

1g 단가(엔)

— 백금　— 팔라듐　— 로듐　— 금

※[출전]톰슨 로이터 GFMS 「Platinum&Palladium Survey 2015」/존슨&매티 「Phtinum 2006」

백금, 팔라듐, 로듐의 수급상황(2015년, 로듐만 2005년)

		백금 (t)	팔라듐 (t)	로듐 (t)
공급	남아프리카	95.2	58.8	19.5
	러시아	22.3	82.7	2.8
	북미1	11.4	28.6	0.6
	기타	17.2	17.6	0.5
	자동차 폐 촉매	32.8	53.4	4.3
	중고 보석품	16.1	7.7	-
	공급 합계	195.0	249.0	23.5
수요	자동차 촉매	93.4	205.4	25.5
	보석품	79.9	14.7	-
	화학	18.3	12.0	1.5
	치과	-	14.4	-
	일렉트로닉스	5.1	46.4	0.3
	유리	1.0	-	1.7
	석유	4.9	-	-
	기타 산업	21.8	3.7	0.5
	소액투자	4.3	1.4	-
	수요 합계	226.6	298.1	25.3

우측 사진은 토요타의 AR엔진에 탑재된 삼원촉매의 커팅 모델. 가솔린 엔진에서는 이것으로 유해물질을 거의 정화할 수 있다. 디젤 엔진은 공기량을 조정하지 못하고 그대로 실린더로 들어가기 때문에 NOx 환원에 필요한 이론공연비 운전이 불가능하다. 따라서 산화촉매, NOx 흡장촉매, 요소SCR, PM 트랩 등을 중복해서 사용하지 않을 수 없으므로 비용과 성능의 족쇄로 작용한다. 자동차용에 사용하는 담체는 거의 100% 세라믹 제품으로, 허니콤 표면에 귀금속을 코팅한다.

귀금속은 다양하지만 백금(Pt), 로듐(Rh), 팔라듐(Pd)이 대표적이다. 이 물질들은 일본에서는 거의 생산되지 않아 수입에 의존하고 있다. 게다가 산출국마저 한정되어 있어서 고가일 뿐만 아니라 정치적 경제적 요인으로 인해 언제나 가격변동이 따라 다닌다.

토요타가 70년대에 삼원촉매를 개발할 때, 필요한 귀금속을 갖고 있는 나라나 기업이 가격과 노하우를 제어하는 것에 당혹해하다가 스스로 재료의 구매나 독립적으로 개발에 나선 이야기는 많이 알려진 바와 같다. 그런데 지금까지도 재료 확보와 가격은 촉매

개발사에게 근원적인 문제로 남아 있다.

현재 캐탈라가 개발하고 있는 촉매 가운데 OSC(산화흡장형/Oxgen Strage Capacity)가 있는데, 이것은 세리아(산화셀륨/CeO_2)라고 하는 배기가스 속 산소 분위기 농도에 맞춰서 산소를 흡장하거나 방출하는 성질의 물질을 사용함으로써 성립한다.

산화·환원 속도를 제어할 수 있어서 메인 촉매의 보조장치로서는 상당히 유용하지만, 2010년에 일어난 센가쿠 열도 문제가 표면화되면서 중국의 희토류 수출규제로 인해 세리아 가격이 100배

이상 급등했다. 그를 계기로 희토류를 사용하는 전자부품 메이커 등의 기술혁신=탈희토류화가 진행되는 한편, OSC는 세리아 사용이 전제이므로 대체가 불가능한 관계 상, 불합리한 가격의 세리아를 구매할 수밖에 없는 상황에 이르렀다.

「제가 입사했던 94년 당시는 마침 북미 LEVⅠ 규제가 시작되었던 무렵으로, 상당히 장벽이 높았죠. 그래도 어떤 비용을 들여서라도 넘어야 한다는 분위기가 팽배했습니다. 하지만 2000년경, LEVⅡ로 바뀌자 기술적인 가늠은 어느 정도 섰기 때문에 이번에는 귀금속을 더 줄여서 싸게 만들자는 흐름으로 바뀌게 됩니다. (사카가미씨)」

필수품은 보급에 따라 가격이 내려가는 숙명이 있다. 자동차로 말하면 에어백이나 시트 벨트가 거기에 해당하지만 촉매도 예외는 아니다. 그러니 신흥국에 수출하는 저가격 차라도 최신의 촉매기술을 사용해 귀금속 사용량을 줄이는 것이 전체적인 가격은 싸게 할 수 있다. 생산성에서 귀금속 손실을 1% 줄일 수 있다면 설비를 갱신하는 의미가 있는 것이다.

「지금 촉매에 사용하는 귀금속은 로듐과 팔라듐이 대부분입니다. 백금은 연료 차단으로 산소가 급격히 증가하면 효과가 줄어들기 때문에 현재는 거의 사용하지 않죠. 주로 내구성 측면에서 NOx를 정화하는 데는 로듐이 가장 낳습니다만, 로듐만 사용해서는 안 된다는 것이 어려움이지만요…」

귀금속을 채굴할 때 로듐이라고 해서 로듐만 나오는 것이 아니다. 광석 안에는 로듐도 있고 팔라듐도 포함되어 들어있기 때문에 자연계의 섭리에 따라 공급량 균형이 저절로 결정된다. 효과가 있다고 해서 특정 재료만 사용하면 수급균형이 무너져 가격 급등을 초래하게 되는 것이다.

「예를 들면 팔라듐은 촉매뿐만 아니라 전자부품에서 사용됩니다. 때문에 그런 업종의 사용량이 가격에 영향을 끼치게 되죠. 시장 전체의 수급상황을 주시하면서 사용량의 비율을 결정해야 하는 겁니다. 성능은 최고이지만 그럼 단가로는 로듐이면서 팔라듐으로 성능을 보완하는 방법도 필요하다고 봅니다」

순수한 엔지니어링 이외에도 비용 관리는 항상 머릿속에 있다고 사카가미씨는 말한다. 덧붙이자면 토요타 차의 촉매용 귀금속 재료는 일괄적으로 토요타의 자원부가 관리한다는 사실은 아는 사람은 아는 이야기이다.

개발과 제조

「삼원촉매에 관해서는 세세한 재료나 제조방법이 진화되기는 했지만, 시스템으로 보면 예전부터 원리는 완성된 것이기 때문에 큰 변화는 없다고 할 수 있습니다.」(사카가미씨)

엔진 개발자 입장에서는 촉매가 없는 편이 좋기 때문에 현재는 가격 외에는 주로 소형화 요구가 많다고 한다. 펠릿 방식에서 모노리스 방식으로 바뀌었을 당시에 촉매의 보디에 해당하는 담체는 메탈을 구부린 구조였지만, 현재는 거의 세라믹 허니콤으로 바뀌었다. 가볍고 열에 강할 뿐만아니라, 폐차 후에는 분쇄·용해만으로도 회수하기가 쉽기 때문이다. 그 허니콤 막벽(膜壁)을 얇게 하는 것이 과제라면 과제라고 한다.

「현재 상태는 대략 50미크론 정도인데, 이것이 10미크론으로 맞출 수 있다면 극적으로 성능이 올라갈 겁니다. 열용량이 늘어나기 때문에 냉간 시동 후에 빨리 활성화되겠죠. 또 작게 만들 수도 있고 압력손실이 줄어들기 때문에 엔진 성능도 높일 수 있을 겁니다.」

물리적·과학적인 원리까지 감안한 혁신기술로 이야기를 돌리자,

「촉매는 배출가스 안이라는 아주 특수한 조건에서 사용되기 때문에 실시간으로 상태를 분석하기가 어렵다는 어려움이 있습니다. 팔라듐이나 로듐을 원자 레벨까지 파악하지 않으면 어떻게 효과가 발생하는지를 검증할 수 없습니다. 그런데 그것을 볼 수가 없는 겁니다. 당사에서는 50만 배 레벨의 전자현미경으로 가시화하려고 하지만 그래도 어렵습니다. 스프링-8 같은 가속기 정도를 사용해도 겨우 정화성능 효과의 제품 효능 정도만 검증할 수 있습니다.」

로듐이나 팔라듐은 열 반응에 의해 점차적으로 결정으로 바뀌다가 결국 기능을 하지 않게 된다. 이것이 촉매의 노화인데, 그래도 아직 「살아 있는 부분」이 있어서 그를 통해 내구성이 담보된다. 그런데 살아 있는 부분을 실제로 볼 수가 없다는 것이다. 제조 직후의 신선한 촉매조차 검증이 곤란해서, 내구성을 검증하는 것은 결과로만 가능하다. 콘셉트나 이론은 다양하지만 그것을 실현하려면 트라이&에러밖에 없으므로 당연히 에러 쪽이 많다고 상상한다.

한편 디젤용 촉매에는 과제가 산적해 있다.

「삼원촉매로만 정화할 수 있는 가솔린용과 달리 DE은 후처리 장치를 중복해서 사용해야 합니다. 수출할 곳의 규제나 연료에도 맞출 필요가 있기 때문에 한 가지 자동차에 몇 종류의 촉매를 조합해서 사용하는 경우도 왕왕 있습니다.」

이렇게 설명하면서 아오노씨가 강조한 것은 2017년부터 유럽에서 실시되고 있는 RDE에 대한 대응이었다.

「DPF를 장착하면 PM은 어떻게든 잡을 수 있습니다. NOx도 대응이 가능하죠. 다만 현재 상태에서는 SCR에 의존하기 때문에 대량의 요소를 사용해야 한다는 겁니다. 그러면 탱크 용량을 크게 할 수밖에 없는데, 그것을 차체에 탑재해야 하는 문제가 있는 것이죠.」

「또 SCR도 180℃까지 올라가지 않으면 기능하지 않기 때문에 그 이하 온도에서는 린(Lean) NOx 트랩을 사용하게 됩니다. 그런데 이것이 NO_2(이산화질소)는 걸러내는데 NO(일산화질소)는 별로 걸러 내지를 못합니다. NOx라고 해서 NO_2만 규제하는 것도 아니고, 그래서 RDE에 대응하기 위해서 배기온도가 낮아도 NO를 흡착하는 NOx 트랩이나 저온부터 효과를 발휘하는 요소SCR 촉매를 개발하는 것이 점점 중요한 상황이죠.」

자원절약형 자동차 배출가스 정화용 촉매

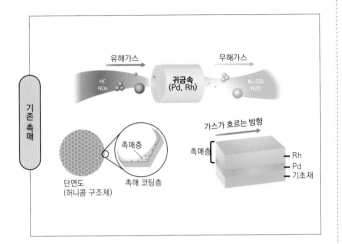

기존 촉매

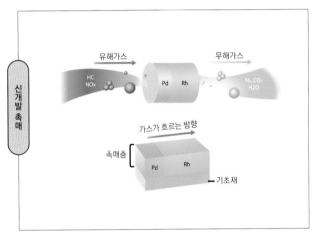

신개발 촉매

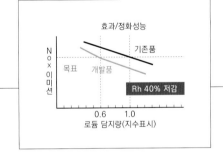

셀륨과 지르코늄을 사용한 산소흡장 재료의 개발

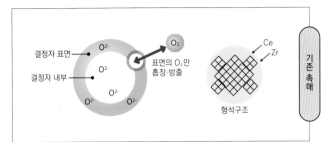

기존 촉매

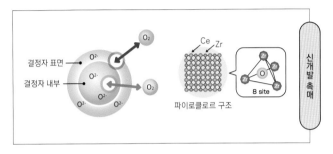

신개발 촉매

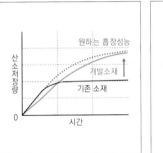
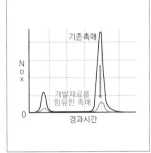

NO를 촉매로 흡착 정화하는 일은 상당히 어려워서, 현재 NO에 효과가 있는 촉매용 재료를 개발 중이라고 한다. 그렇게 설명하는 중에 아오노씨의 표정에서 짧은 시간에는 힘들다는 분위기를 느낄 수 있었다.

무시할 수 없는 가격 요건, 보이지 않는 것을 결과로만 추측하는 물리적 장벽, 현실을 벗어난 현실에 대한 대응, 상반되는 기술적 과제 등등, 공기를 깨끗하게 하기 위한 촉매라고 하는 일종의 특수한 자동차 기술에는 시스템이나 원리를 이해하는 것만으로는 다 파악할 수 없는 깊은 세계가 있다는 것이 느껴졌다.

주식회사 캐탈라
제1연구개발부 부장

사카가미 신고

주식회사 캐탈라
제4연구개발부 부장

아오노 노리히코

촉매는 1만 6천 종류 이상
금액으로는 자동차용이 60%

본문&사진 : 마키노 시게오 협조 : BP

세상에는 많은 촉매가 존재하지만 의외로 NOx를 제거하기 위한 촉매는 많지 않다.

그 가운데 자동차용 촉매는 볼륨이 크기 때문에 연간 거래금액이 「전체 촉매산업의 약 60%」나 된다고 한다.

촉매공업협회 사무국장을 통해 촉매 세계에 관해 들어보았다.

MFi : 먼저 촉매공업협회에 대해 묻겠습니다. 어떤 기업이 가입해 있습니까?

이와다 : 현재 회원사는 정회원이 17곳, 찬조회원이 34곳입니다. 촉매의 원재료를 취급하는 기업을 비롯해 상사, 촉매 제조사 그리고 촉매를 실제로 사용하는 화학 제조사 등입니다. 지난 2015년이 협회설립 50주년이었습니다.

MFi : 자동차용 삼원촉매를 제조하는 기업도 가입했습니까?

이와다 : 물론입니다. 촉매 용도는 크게 4가지로 구분하는데요, 물량적으로 가장 큰 것은 석유정제입니다. 에틸렌에서 플라스틱을 만드는 석유화학. 폴리에틸렌, 폴리프로필렌 등을 만들기 위한 고분자 중합. 그리고 환경촉매 이렇게 4가지이죠. 자동차 용도는 환경촉매로 들어갑니다. 또 협회조직에는 자동차 부회가 따로 있습니다.

가격이 비싼 부품에 해당하죠. 최근에는 2륜차용 촉매나 디젤차용 산화촉매 등, 기존

일반사단법인 촉매공업협회 사무국장

이와다 야스오

에는 없던 아이템도 늘어나고 있습니다.

MFi : 대체 전 세계에는 촉매가 얼마나 많이 존재할까요. 자체적으로는 변하기 않으면서 화학반응을 도와준다는 의미에서는 상당한 수가 될 것 같습니다만….

이와다 : 제품수로 보면 1만 6천 종류

이상이죠. 또 매년 증가하고 있습니다. 「화학반응이 있는 곳에 촉매가 있다」는 말이 있을 정도니까요.

MFi : NOx(질소산화물)을 제거하기 위한 촉매가 자동차용도 이외에 판로가 있습니까?

이와다 : 배출가스 대책을 위한 환경촉매이니까 공장의 배기에도 사용할 수 있죠. 하지만 자동차용과 달리 귀금속은 사용하지 않습니다. 티타늄, 바나듐, 몰리브덴 같은 레어 메탈 종류가 주력입니다. 이것들도 상당히 고가이죠.

MFi : 공장의 배기에는 여러 가지 물질이 있을 것으로 생각됩니다. 어떤 처리방법이 있을까요?

이와다 : 가령 자동차용 촉매담체 정도의 크기를 몇 개 조합해서 굴뚝 중간에 설치하고는 필터처럼 사용하는 식이죠. 디젤차의 DPF 같이 사용하는 겁니다. 약제를 살포하는 방법도 있습니다. NOx 환원에서 많이 사용하는 것은 산화환원 약제입니다. 배기

통로에 망이 촘촘한 스펀지 같은 물질을 넣은 다음, 거기에 샤워로 약제를 뿌림으로써 배기와 약제의 접촉 면적을 넓혀서 환원효과를 얻는 방법이죠. 공장의 배기도 자동차 다음에 NOx 규제가 적용된 이후 어느덧 30년 이상이 지났습니다.

MFi : 샤워로 약제를 살포하는 것은 디젤차의 요소SCR과 비슷하네요.

이와다 : 자동차 처럼 고가의 담체를 사용한다거나 세밀한 제어를 하지는 않지만, 확실히 방법은 비슷합니다. 공장의 배기규제는 산성 성분이 많기 때문에 알칼리성 약제로 중화시킬 때가 많습니다.

자동차 배출가스 성분은 주행 1km당 몇g 식으로 규제하지만, 공장의 매연은 농도로 규제하죠. 출구에 감지하는 관이 있는데, 화학공장에서는 화학반응을 다루는 관계로 갑자기 농도가 높아질 때가 있습니다. 그래서 규제값을 넘지 않도록 관리하는 것이죠.

MFi : 자동차용 촉매에도 관여해 보신 적이 있나요?

이와다 : 시험을 담당했던 적이 있습니다.

MFi : 자동차용 촉매는 외관상으로는 차이를 찾아내기 힘들만큼 비슷하지만 성능에는 특징이 있다고 들었습니다.

이와다 : 그렇습니다. Pt/Pd/Rh의 배합 균형을 약간만 달리해도 성능이 달라지죠. 예를 들면 Pt를 조금 줄이고 Rh를 늘린다든가 또는 귀금속 이외의 보조촉매(Pro-motor)를 바꾼다든가, 약간의 튜닝으로도 성능이 바뀝니다.

MFi : 지금 보조촉매로는 셀륨을 많이 사용하는 것 같은데, 유행이라고 봐야 할까요?

이와다 : 각 제조사마다 나름의 이유와 기업비밀에 해당하는 부분이겠습니다만, 보조촉매를 연구하는 이유는 비용 측면이 큽니다. 귀금속 반응을 돕는 역할을 하기 때문에 원래는 귀금속과 보조촉매의 가장 좋은 균형이 있지만, 그 균형을 무너뜨리더라도 귀금속 사용량을 줄여야 할 때가 있습니다.

MFi : 보조촉매는 희토류가 많은 것 같더군요. 몇 년 전에 희토류가 급등한 적이 있었습니다. 귀금속도 가끔 가격이 급등하던데 재료비 변동에는 어떻게 대응하고 있습니까?

이와다 : 자동차 제조사의 도움을 받을 때도 있습니다. 촉매를 자동차 제조사에 납품한 뒤 대금을 회수할 때까지는 귀금속을 어딘가에서 빌리는 형태를 취하는 것이죠. 그 비용도 결코 작은 액수는 아닙니다.

MFi : 앞으로 촉매산업이 주목하는 분야가 있을까요?

이와다 : 수소관련과 FC(연료전지) 분야입니다. 고체고분자막인 FC는 Pt 촉매를 사용하는데 함유율이 50%나 됩니다. 화학반응에 사용하는 촉매는 기껏해야 Pt 1%에 불과하죠. 자동차용 FC에 관한 연구가 계속해서 진행될 것입니다.

(정리 : 마키노 시게오)

**물량은 석유 정제용이 크지만
거래액은 자동차용이 크다.**

석유 정제와 에틸렌(이것도 석유이기는 하지만)이 촉매산업에 있어서 물량적으로는 큰 분야이다. 그러나 이 비즈니스는 사진처럼 대규모 플랜트를 건설할 때 몇 십 톤, 몇 백 톤 식으로 대량으로 구입해 소비하는 방식으로 이루어진다. 바꿔 말하면 플랜트 건설이 없으면 비즈니스가 돌아가지 않는 것이다. 자동차 촉매는 가솔린차 같은 경우 최근에는 2개가 사용되는데, 이것이 생산대수와 연동한다. 촉매산업에 있어서 자동차용 거래액이 많은 것은 그 때문이다.

귀금속의 수요동향

단위=t

백금							팔라듐							로듐					
	2011	2012	2013	2014	2015	전년비 (%)		2011	2012	2013	2014	2015	전년비 (%)		2011	2012	2013	2014	2015	전년비 (%)
자동차촉매	99.1	98.5	97.9	104.3	114.9	+10		191.4	207.8	216.4	228.6	231.9	+1		22.2	24.0	24.4	26.0	26.5	+2
보석품	77.0	86.6	94.2	90.2	89.0	−1		15.7	13.7	11.0	8.7	7.6	−12							
산업	61.4	48.2	51.4	55.5	57.1	+3		76.7	72.2	68.2	66.1	64.5	−2							
투자	14.3	14.0	27.0	8.5	−2.4	−132		−17.6	14.5	−0.2	29.0	−12.4	−143							
수요합계	251.8	247.3	270.5	258.5	258.3	0		266.2	308.3	295.4	332.4	291.6	−12		28.2	29.7	31.1	31.3	31.0	−1

가솔린차의 삼원촉매에 사용하는 귀금속 3종의 시세추이. 2001년부터 15년까지 5년 동안만 해도 상당한 움직임을 보였다. 그 후 2~3년 동안은 자동차 세계 수요가 1억 대를 돌파. 삼원촉매 수요는 그에 따라 확대된다. 삼원촉매 1개당 귀금속 사용량을 억제하지 않으면 시세는 급등할 것이다. Pt는 전체의 45%가 자동차 용도로서, 보석품을 웃돈다. Pd는 85%가 자동차산업에서 소비되고 있다.

「RDE 대책」은 가능할까

앞으로의 NOx 공략방법

RDE=Real Driving Emission에서는 엔진의 거의 모든 운전영역이 배출가스 감시대상이다.
현재의 배출가스 규제 모드 시험영역을 훨씬 넘어서서 CO, HC, NOx, PM이 규제받게 되는데,
이것뿐만이 아니다. CO_2 배출을 주시하면서 배출가스를 항상 정화해야 하는 것이다.

본문 : 마키노 시게오 사진 : 보쉬/고토미 만자와 특별감사 : 보쉬 코퍼레이션

■ 디젤차는 「3단구조」 | NOx와 PM 감축을 다 갖춘 시스템

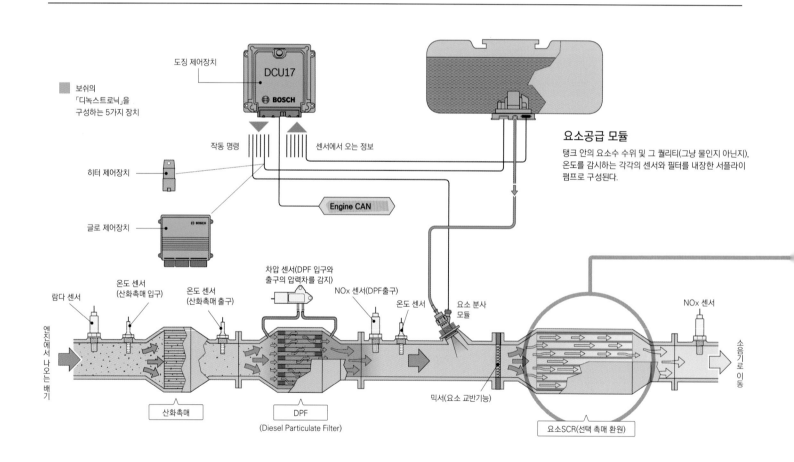

보쉬의 「디녹스트로닉」을 구성하는 5가지 장치

도징 제어장치
DCU17
BOSCH

작동 명령
센서에서 오는 정보

히터 제어장치

Engine CAN

글로 제어장치

요소공급 모듈
탱크 안의 요소수 수위 및 그 퀄리티(그냥 물인지 아닌지),
온도를 감시하는 각각의 센서와 필터를 내장한 서플라이
펌프로 구성된다.

람다 센서
온도 센서 (산화촉매 입구)
온도 센서 (산화촉매 출구)
차압 센서(DPF 입구와 출구의 압력차를 감지)
NOx 센서(DPF출구)
온도 센서
요소 분사 모듈
NOx 센서

엔진에서 나오는 배기
소음기로 이동

산화촉매
DPF (Diesel Particulate Filter)
믹서(요소 교반기능)
요소SCR(선택 촉매 환원)

RDE 도입에 대한 현실성이 높아지고 있다. 2015년 5월에 EU 가맹국이 EC(유럽위원회)의 제안을 승인하면서 2017년 9월부터 도입하기로 예비결정을 내린 것이다. 이에 따라 ACEA(유럽자동차공업회)는 실제 배출가스 기준안과 실시 요강안을 조기에 정리해줄 것을 요청했다. 그리고 4개월 후 VW(폭스바겐)이 미국에서,

소위 말하는 디젤 게이트로 알려진 대기정화법 위반행위로 적발되면서 단 번에 전 세계는 RDE 대망론으로 기울어졌다. 본 특집 마지막에 이 RDE 도입이 NOx대책을 어떻게 바꿀 것인지에 대해 다룬다. 원고를 집필하면서는 엔진 연소와 배출가스를 처리하는 부품의 대표주자인 보쉬의 이야기를 들어보기도 했다.

RDE란 무엇일까. 이에 대해서는 본지에서도 몇 번 다룬 적이 있다. 최신 정보는 Vol.111 「자동차의 논점」을 참고해 주기 바란다. 배출가스 시험에서 사용하는 주행영역을 온 사이클이라고 부른다. 거기에 들어가지 않는 모든 영역, 가령 초 슬로 운전이나 급격한 풀 가속 같은 운전은 오프 사이클 영역이라고 부른다. RDE는 오프 사이클 전체 영역을 배출가스의 시험 대상으로 삼으려는 것이다. 46페이지의 그림이 현재의 배출가스 「모드실험」과 비교한 이미지이다. 요컨대 속도제한 최대치까지 사용해서 달리는 모든 운전에서 그 자동차 성능의 전체 영역을 배출가스 규제값에 적합하게 하라는 개념이다.

VW 디젤 게이트 전까지는 RDE의 베이스라 할 수 있는 시험 사이클로 WLTC=World Hormonized Light-vehicle Test Procedure를 책정하는 작업이 진행되고 있었다. 이것은 ECE(국제연합 유럽경제위원회)의 안건이다. 새로운 배출가스 시험 모드를 결정하고 그 연장선상에서 RDE를 도입할 수단이었다. 2015년 10월 도쿄에서 개최된 회의에서 1단계가 종료되고 시험방법이 결정되었다. 2016년 1월부터는 구체적인 시험실시 요령을 결정하는 2단계로 들어가고, 예정대로라면 2019년의 3단계에서 배출가스 규제값을 정한 다음, 실제 WLTC규제는 2022년부터 도입될 예정이다.

그러나 RDE 대망론이 이것을 추월해 버렸다. 법적 구속력을 가진 규제 도입은 해야 할 논의와 수속절차를 거쳐야 한다. 복수의 나라 또는 다른 지역에도 적용을 요구하려면 이의신청 기간도 두어야 한다. ECE가 주도하게 되면 자동차의 상호 인증제도를 담보할 국제연합(1958년 협정과 1998년 협정)에 준한 수속절차가 필수이다. 2017년부터 RDE를 도입하게 되면 WLTC와의 연계가 불가능해서 WLTC 자체의 의미가 상당히 희석된다.

그것은 그렇다 치고, 현실적으로 「모든 주행영역에서 배출가스를 정화하라」는 명령이 떨어지면 지금의 자동차는 어떻게 될까. 가장 간단한 대응은 전체 영역의 NEDC 사이클을 제어하는 것이다. 액셀러레이터 페달을 밟아도 가속시키지 않고 항상 배출가스 우선으로 제어하는 것이다. 기분 좋은 가속은 바랄 수 없지만 이렇게 되면 현재의 모델로도 RDE 대응이 가능하다. 또 한 가지는 내연기관을 포기하고 EV(전기자동차)로 나가는 것이다. 전기자동차라면 배출가스가 안 나오므로 RDE 대상에서 예외가 되는 것이다.

■ SCR=Selective Catalytic Reactor | N과 O를 분리하다.

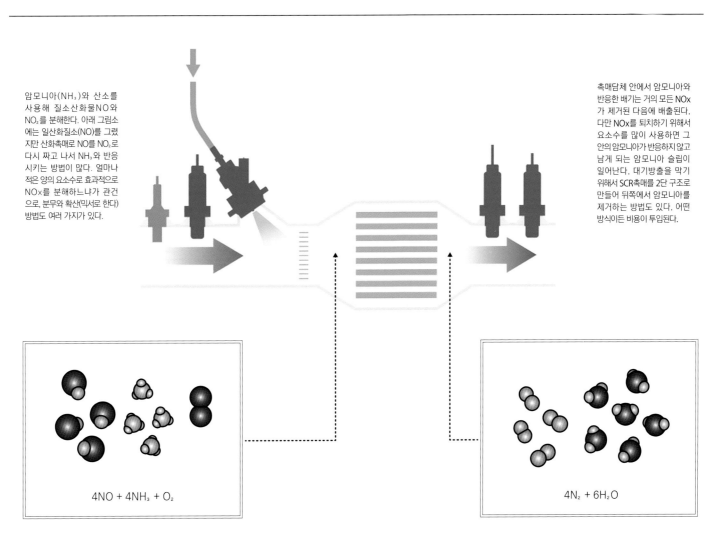

암모니아(NH₃)와 산소를 사용해 질소산화물 NO와 NO₂를 분해한다. 아래 그림소에는 일산화질소(NO)를 그렸지만 산화촉매로 NO를 NO₂로 다시 짜고 나서 NH₃와 반응시키는 방법이 많다. 얼마나 적은 양의 요소수로 효과적으로 NOx를 분해하느냐가 관건으로, 분무와 확산(믹서로 한다) 방법도 여러 가지가 있다.

촉매담체 안에서 암모니아와 반응한 배기는 거의 모든 NOx가 제거된 다음에 배출된다. 다만 NOx를 퇴치하기 위해서 요소수를 많이 사용하면 그 안의 암모니아가 반응하지 않고 남게 되는 암모니아 슬립이 일어난다. 대기방출을 막기 위해서 SCR촉매를 2단 구조로 만들어 뒤쪽에서 암모니아를 제거하는 방법도 있다. 어떤 방식이든 비용이 투입된다.

$4NO + 4NH_3 + O_2$

$4N_2 + 6H_2O$

우연하게도 EU는 외부 충전이 가능한 PHEV(Plug-in Hybrid Electric Vehicle)이라는 HEV를 「제로 배출가스 차」로 인증하고 있다. 이 우대조치는 CAFE(기업별 평균연비)에도 유리해서 RDE 규제 하에서 하나의 돌파구인 셈이다. 다만 RDE가 배출가스 정화 기능의 무효화, 소위 말하는 디피트 디바이스의 금지를 최대 목적으로 삼고 있기 때문에 내연기관까지 장착하는 PHEV에서 전체 운전영역의 RDE 적합은 성능측면에서 다소의 희생이 따를 것이다.

유럽의 디피트 금지조항은 EU규정과 각국에서 인증하는 2중 규제 이기 때문에 파악하기가 약간 어렵지만, 2007년 이후에 모든 승용차에 디피트 금지조항이 적용되었다고는 해도 제어 자체는 심사 대상이 아니기 때문에 몇 가지 해석이 성립한다. EC가 이것을 바로 잡으려고 하는 것 같은데, 논의와 수속절차 양쪽을 줄여서는 안 된다. 누군가가 이것을 바로 잡아야만 할 것이다.

본 특집의 테마인 NOx에 대해서 생각할 때, 모든 주행영역에서 이것을 제어한다면 먼저 요소SCR이라는 선택지가 떠오른다. 보쉬는 10년 전에 이 시스템을 완성시킨바 있다. 삼원촉매를 사용

할 수 없는 디젤 배출가스에서는 특히 RDE에서의 NOx가 엄격하다. 결점으로는 180℃ 이하 온도에서는 활성화가 잘 안 돼 NOx 퇴치 효율이 떨어진다는 점이지만, 「대책은 있다」고 말한다.

「LNT(린 NOx 촉매)와 요소SCR을 세트로 사용하는 방법, DPF(디젤 PM 필터)에 SCR을 코팅해 상류에 장착하는 방법 등 몇 가지 수단이 있습니다. 엔진에서 배출된 NOx 양에 맞춰서 SCR이 작동되도록 LNT계와 SCR을 협조해서 제어하는 방법이 주류가 될 것으로 생각합니다. 실제 현실에서 배출가스를 측정한 ICCT(VW을 고발한 NGO)의 데이터를 봐도 NSC(NOx 흡장촉매)와 요소SCR을 조합한 것이 유효하다는 것을 알 수 있습니다. 현재 상태에서도 거의 RDE 대응이 가능하다는 겁니다」

앞 페이지 일러스트는 현행 배출가스 후처리 시스템을 나타낸 것이다. 앞으로의 RDE에 맞춰 보쉬가 제안하는 시스템 가운데 하나로서, 이 산화촉매를 NOx 흡장촉매로 바꾼 「통합 시스템」이 있다. LNT와 DPF, 요소SCR이 세트로서, NOx 정화에 대해 LNT와 SCR을 협조·제어한다. 예를 들면 SCR의 정화효율이 높을 때는

■ 파일럿 분사로 PM을 억제

분사량과 분사 타이밍 제어

우측 그래프는 파일럿 분사를 1회만 하는 싱글 파일럿 분사일 때의 분사량과 분사 타이밍(메인 분사와의 시간차)를 나타낸 것이다. 고압분사와 짧은 분사 간격을 살리면 PM발생을 억제할 수 있다. PM은 연료 안의 탄소(C)가 쪄진 상태로서, 파일럿 분사량이 많을 때 발생하는 경향이 있다. 130MPa에서도 효과가 있어서 좀 더 고압이면 더욱 효과를 기대할 수 있겠다고 생각하지만, 공기밀도를 연료 입자의 관통력이 웃도는 직전까지가 최대라고 한다.

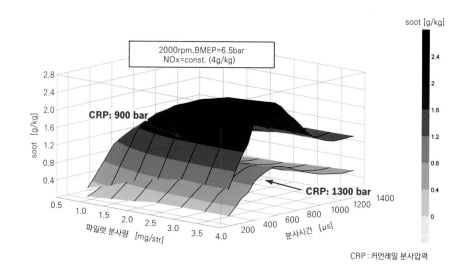

CRP : 커먼레일 분사압력

■ 파일럿 분사 연소 음의 저감

상품력 향상을 위한 대책

위 그래프와는 다른 시점의 그래프이다. 이것은 상품성에 영향을 주는 연소 소음의 레벨을 나타낸 것이다. 고압 연료분사에 대한 느낌은 「연소음이 커진다」는 것인데, 메인 분사까지의 분사 간격을 짧게 하면 연소음이 높아지지 않는다. 분사 간격을 200마이크로 초까지 줄이면 문제는 없지만, 기존의 연료 인젝터의 간격은 800마이크로초가 한계였다. 현재의 보쉬 인젝터는 200마이크로초 간격이 가능하다. 열발생률 측면에서도 유리하다.

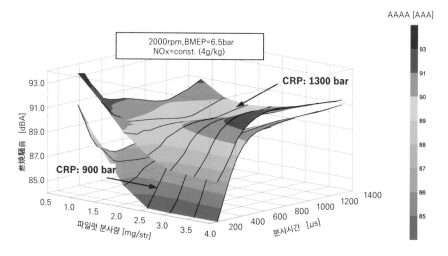

연료분사를 1회로 끝내는 것이 아니라 몇 번으로 나누는 방법은 반응속도가 빠른 고압연료분사 시스템이 등장하면서 비로소 가능해졌다. 먼저 소량을 분사(이것이 PI=Pilot Injection)해 연소 압력 상승을 원활하게 한다.

기존에는 PI 연료가 바로 연소되어 연소온도 최고점을 낮추었다. 상사점 직전에서 작은 화염이 발생해 메인 분사(MI)가 될 때까지 화염이 꺼지면서 압력과 온도가 남는 상태이다. 거기에 메인 분사를 했다.

왼쪽 그래프는 크랭크 각이 다른 점에 주의. PI 화염이 발생한 가장 중간 때 MI(Main Injection=메인 분사) 분사가 이루어진다. 분사압력이 높기 때문에 연료입자은 연소실 중심에서 먼 곳까지 날아간다.

그러나 급격한 온도 상승이 일어나지 않도록 연소반응을 겹치게 해야 한다. 그러기 위해서는 정확한 분사량과 신속한 응답성이 요구된다. 그것이 가능해진 이유는 아래 일러스트를 참고하기 바란다.

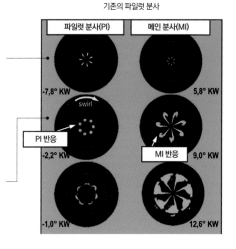

기존의 파일럿 분사

파일럿 분사(PI)	메인 분사(MI)
-7,8° KW	5,8° KW
-2,2° KW	9,0° KW
-1,0° KW	12,6° KW

swirl PI 반응 MI 반응

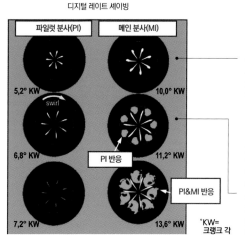

디지털 레이트 셰이빙

파일럿 분사(PI)	메인 분사(MI)
5,2° KW	10,0° KW
6,8° KW	11,2° KW
7,2° KW	13,6° KW

swirl PI 반응 PI&MI 반응

°KW= 크랭크 각

정확한 연료 분사량 제어로
다단분사할 때도 항상 안정적인 분사량을 유지한다.

기존의 고압 레이아웃(시스템 압력 160MPa 이하)

최신 고압 레이아웃(시스템 압력 1200MPa 이하)

공급압력

신형 인젝터는 연료 이송 레일 안과 똑같은 압력으로 유지되는 미니 레일을 내장함으로써 작동으로 인해 발생하는 압력 맥동의 영향을 완화했다. 기존 모델은 저압과 고압의 경계가 지름이 작은 시트 여서 가동부분이 고압 쪽 제어실압력을 받는 구조였다.

구형은 노즐 끝만 고압이기 때문에 밸브 개폐로 생기는 압력의 맥동이 남고, 이것이 다음 분사량에 미세한 오차를 주었다. 신형에서는 압력의 맥동을 억제하고, 솔레노이드 밸브 구조도 볼 시트에서 밸런스 시트 밸브로 바뀌었다.

공급압력

| 고압부 |
| 저압부 |
| 가동부 |

NOx 흡장촉매를 작동시키지 않아도 되기때문에 그만큼 농후한 연료로 연소할 때의 NOx 퍼지(Purge)를 억제할 수 있다. 또 SCR에서의 요소 소비를 낮추고 싶을 때나 SCR 온도가 낮을 때는 NOx 흡장촉매의 기능을 활성화한다. 임기응변으로 서로 분담하는 제어일 것이다.

또 한 가지 요소SCR에서의 문제는, 요소 탱크의 용량과 촉매 크기의 관계이다. 차량 탑재성 측면에서 SCR촉매의 직경 및 면적을 크게 할 수 없는 경우, 급격한 배출가스 유량의 증가에 대응하지 못할 가능성이 있다. 그때는 요소수를 약간 과다하게 분사해 대응하는 방법밖에 없다. 이것은 암모니아 슬립으로 이어진다. 반대로 SCR촉매 담체의 크기에 여유가 있다면 요소수 분사량을 억제할 수 있다. 배기 후처리 장치를 위한 공간이 차량에 있느냐 없느냐에 따라서 달라지는 것이다.

이미 연구된 것은 분사된 요소수의 균일화이다. 믹서로 불리는 확산판 형상, 분사 노즐 근방의 믹서 배치 등은 운용실적을 참고로 하면서 개량을 진행해 왔다.

「또 한 가지, RDE에서는 배출가스 유량이 어느 정도냐가 문제입니다. 모드시험이라면 배출가스 유량을 알고 있지만, 현재 시험 모드가 없는 상태로 운전했을 때 돌발적으로 어느 정도로 많은 양의 배출가스가 흐를 가능성이 있는지를 예측하기가 힘들다는 겁니다. 배출가스 온도와 유량을 알면 NOx 대책을 위한 장치를 유효하게 사용할 수가 있죠. 배출가스 유량 예측과 실제 유량의 센싱이 필요한 것이죠.」

한편 연소 자체의 개선도 진행 중이다. 위 그래프는 디젤 엔진에서의 파일럿 분사량과 분사 타이밍 변화가 무엇을 초래하는지를 나타낸 것이다. 커먼레일 시스템이 등장한 이후 연료분사 압력은 서서히 높아지고 있다. 분사 압력을 높이면 시간당 분사량이 증가한다. 동시에 실린더 안의 압축된 공기 속 분자에 연료 분자가 충돌하는 속도가 증가하면서, 이것이 연료 액적의 미립화를 촉진한다. 즉 연소 압력을 높이는 일은 분사 시간과 분사 타이밍 제어에 여유를 가져온다.

연소 1회분의 연료를 한 번에 분사는 것이 아니라 처음에는 소량의 연료를 분사하는 파일럿 분사, 이어서 다량의 연료를 분사하는

Max
↑
토크

전체 영역에서의 고부하 영역은 제어가 어렵다.

WLTC

RDE

NEDC

엔진 회전수→Max

■ RDE에서 요구되는 것은
「모든 영역의 배출가스 정화」

필자가 작성한 간단한 그래프. NEDC(New European Driving Cycle)가 얼마나 좁은지를 알 수 있다. WLTC는 대상영역이 면적에서 2배 이상 되기 때문에 획기적인 새 기준 이라고 할 수 있다. WLTC에서의 주행방법을 바탕 으로 삼아 RDE 시험방법을 결정하려는 수순이었을 것이다. 모든 영역에서의 디피트를 어떻게 규정하느냐가 관건 이다.

■ 트레이드 오프 관계인 삼각형

기존의 트레이드 오프라고 하면 DE차에서는 NOx와 PM의 관계였다. 그러나 EU에서는 CO₂ 발생을 95g/km로 억제하는 규제 일정이 이미 결정되었고, 그 상태에서 RDE에 대응해야 한다. 연료를 진하게 사용하는 배출가스 대책은 봉쇄된 것이다. 항상 CO₂ 발생량을 감시하면서 배출 가스도 제어해야하는 것이다. RDE 실시요령이 결정되면 배출가스 유량도 추정할 수 있지만 그것이 아직 정해지지 않아서 의구심을 낳고 있다. 규제결정 순서상으로는 매우 이례적이다.

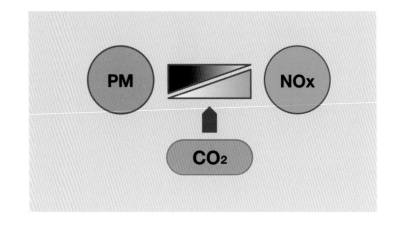

메인 분사, 마지막으로 배출가스 후처리를 위해 극히 소량을 분사하는 포스트(애프터) 분사, 이런 식으로 몇 번에 걸쳐서 나누어 연료를 투입하게 된 이유는 커먼레일 방식의 고압 인젝터 존재 때문이다.

이때 요구되는 것은 정확한 분사량과 분사 타이밍 제어이다. 현재의 보쉬 인젝터는 최하단 우측 일러스트처럼 내부에 고압의 리저브탱크가 있다. 기존형은 왼쪽으로, 분사구를 개폐하는 니들(침) 밸브 주위에 고압부분과 저압부분이 섞여 있었다. 그 때문에 밸브 개폐에 따라 압력의 맥동이 일어나고 그것이 피콜릿(10의 마이너스 12제곱) 단위의 정확한 연료제어에 방해를 주었다. 이 부분이 개선되면서 분사량과 응답성이 훨씬 정확해진 것이다. 그 결과 좌측 그래프같은

성과와 아래 일러스트와 같은 연소를 이루었다.

EGR(배출가스 재순환)도 NOx 저감에는 유효하다. 연료 성분을 다 쓰고 주위의 열을 뺏는 역할밖에 하지 않는「연소 후 가스」를 새로운 흡기에 섞는 EGR은 디젤 엔진에서는 최대 60% 정도 비율까지 이용하고 있다. 보쉬는 RDE에 대응한 EGR 제어방법을 개발하고 있다. 급격한 운전부하 변동에 대응이 가능한 EGR제어이다.

「가령 터보 과급압이 낮은 상태에서 토크가 필요할 때는 실린더 안에 도입할 수 있는 기체의 양이 부족하기 때문에 새로운 흡기 양과 EGR 양 각각이 필요한 양을 확보할 수 없습니다. 새로운 흡기 양을 확보했을 경우에는 PM은 낮게 억제할 수 있지만, EGR 양이 부족해 NOx가 증가하게 되죠. 반대로 EGR 양을 확보했을 때는 NOx는 낮게 억제할 수 있지만 PM이 증가합니다.

과도운전이 지배적인 RDE 같은 경우는 이 배반적인 NOx와 PM의 배출량의 균형을 잡아줄 수 있는 과도보정 제어가 중요하죠. 특히 NOx와 관련해서 순간적으로 고농도 NOx가 발생하면 후처리 시스템의 NOx 정화효율이 떨어집니다. 어느 정도의 PM발생 증가는 DPF 적용을 통해 허용되는 것을 전제로, NOx 발생량의 최고치를 맞이할 필요가 있는 것이죠. 과도운전에 있어서도 새로운 흡기 양과 EGR 양의 균형을 최적화하기 위해서는 모델 베이스 제어를 적용한 과도보정 제어가 유효합니다」

여기서 말하는 센서는 엔진에 실제 장착하는 센서만이 아니다. 엔진 벤치 등에서 여러 가지 데이터를 측정한 뒤 그것을 정리해 놓으면, 한정된 수와 종류의 센서만 엔진에 장착해도「다음 순간에 어떤 일이 일어날지」를 예측할 수 있다. 가상 센서라는 개념이다.

「과급압력과 온도 센서를 통해 엔진이 흡입할 수 있는 기체 양을 측정할 수 있습니다. 에어매스 센서로 새로운 흡기 양을 구할 수 있으므로 앞의 측정값과의 차이를 통해 EGR 양을 산출할 수 있는 것이죠. 또 배출가스 안의 산소 농도는 새로운 흡기 양, EGR 양 나아가 연료 분사량으로부터 추정할 수 있습니다.

배출가스 안의 산소 농도, 즉 EGR분의 산소 농도를 알면 새로운 흡기 양과 EGR 양으로 이루어진 실린더 내 가스의 산소 농도를 산출할 수 있습니다. 나아가 이들 기체 흐름의 시간적 지체 요인도 엔진 벤치 시험 등을 통해 모델화도 가능하죠. 이런 가상 센서 방법은 더 많은 엔진의 상태량을 얻게 해주고 더 세밀한 제어 실현에 도움이 됩니다」

제어 맵을 바탕으로 운전하고 센서 정보로 보정하는 거는 현재의 제어는 보쉬가 축적한 모델 베이스 제어 그 자체로서, 다음 수단으로 또 뭔가를 준비하고 있다는 의미일 것이다. 즉 현재 보쉬는 RDE 대응으로 제안할 수 있는 기술 개발을 진행 중이어서 NOx 감축도「결코 막힌 골목」이 아니라고 해석한다.

「다만 NOx와 PM의 이율배반 관계분만 아니라 CO₂도 거기에 포함해야 합니다. RDE 외에 CO₂ 배출 95g/km에 향후에는 더 강력한 규제가 나올 것으로 예상되므로, 연비를 어떻게 할 것이냐는

과제 안에 배기 후처리 시스템까지 포함해서 최적의 해법을 끌어낼 필요가 있습니다」

그렇다, CO₂도 문제가 아닐 수 없다. 배출가스 정화만이 과제라면 연료를 약간 많이 사용해서 대책을 세울 수 있는 부분도 있지만, 그래서는 CO₂ 배출이 증가한다. 순간적인 상태를 항상 감시해 다음 순간은 NOx인지, PM인지, CO인지 무엇을 우선해야 할지를 정해야 한다.

그것을 전체적으로 제어하려면 엔진·이미션 모델만으로는 무리이고, 배기 후처리 시스템과의 협조가 필수이다.

가령 어떤 주행상태에서「지금 CO₂를 손해봐도 PM을 낮출 기회」라고 판단한다면 DPF의 리제너레이션(모인 검뎅이에 연료를 분사해 태우는 작업)을 실행한다.

그로 인해 DPF의 능력에 여유를 갖게 하는 것이다. 동시에 NOx 촉매 온도와 가스 유량으로부터 엔진이 약간의 NOx를 만들어도 처리할 수 있다고 판단하면 요소SCR 작동을 완화한다. 지금「무엇을 해야 이득인가」를 판단해 실행하기 위한 시스템 협조이다. 당연히 ECU의 연산속도는 더 빨라져야 대응이 가능하다. 나중에 생기는 데이터양이 막대하기 때문에 RAM 용량도 증가한다. 그 다음은 비용과의 싸움이다.

보쉬는 2000년 무렵부터 디젤 엔진을 위한 장치 개발을 위해서 플랫폼 차량을 만들어 왔다. 실제로 자동차를 만들어서 검증하는 방법이다. 보쉬는 마치 제어 만능주의처럼 보이지만 개발현장에서는「어쨌든 엔진은 돌려야 한다」「달려봐야 한다」를 중시한다. 이것이 흥미로운 대목이다. 왜냐고 물었더니 이런 대답이 돌아왔다.

「가시화나 연소 시뮬레이션도 중요합니다. 그러나 보쉬에서는 DoE(Design of Experiment=실증계획법)을 통한 실험을 더 중시하고 있죠. 일단은 시험을 해서 좋은 결과가 나오면 왜 그랬는지를 시뮬레이션으로 검증하는 식입니다. 그 때문에 세계 각국에 퍼져 있는 개발거점에서는 엔진 벤치설비를 유효하게 활용할 뿐만 아니라 심지어는 가동률 향상에 노력하고 있습니다」

이런 말을 듣고 든 생각은 보쉬가 압축 예혼합에 그다지 흥미를 보이지 않는 것은 실천주의가 바탕에 깔려있기 때문이 아닐까 하는 것이었는데, 보쉬는 이렇게 대답한다.

「디젤의 연소 개선은 공기 이용률을 높이는 겁니다. 불꽃점화가 아닌 압축착화는 일정한 λ 온도가 되었을 시점부터 타기 시작하죠. 이것은 연소실 내에 공연비가 다른 영역이 분산되어 있어서, 예를 들면 이 높은 부분에서는 연소온도가 올라가 NOx가 쉽게 생성됩니다.

최대한 전체를 균일하게 하면 좋다는 의미에서는 HCCI/PCCI를 부정할 생각은 없습니다. 하지만 디젤에서는 착화 타이밍 제어가 어렵습니다. 특히 과도운전 상태에서는 더 그렇죠. 이런 과제를 해결하는 것이 새로운 연소 콘셉트를 실현하기 위한 열쇠라고 생각합니다」

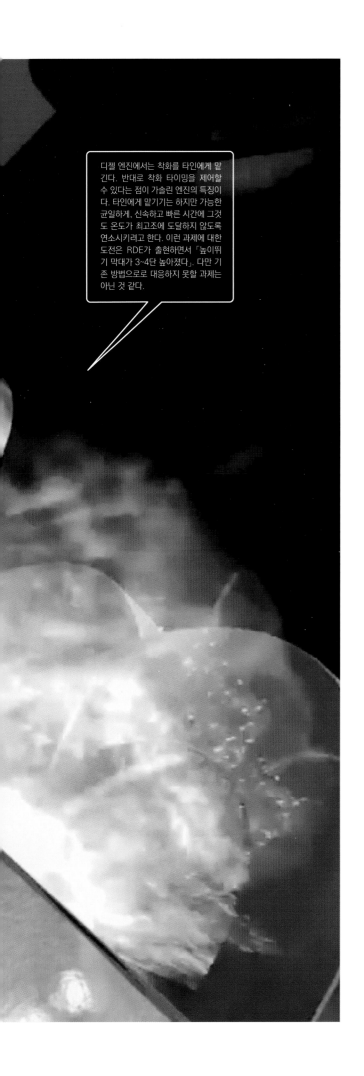

디젤 엔진에서는 착화를 타인에게 맡긴다. 반대로 착화 타이밍을 제어할 수 있다는 점이 가솔린 엔진의 특징이다. 타인에게 맡기기는 하지만 가능한 균일하게, 신속하고 빠른 시간에 그것도 온도가 최고조에 도달하지 않도록 연소시키려고 한다. 이런 과제에 대한 도전은 RDE가 출현하면서 「높이뛰기 막대가 3~4단 높아졌다」. 다만 기존 방법으로로 대응하지 못할 과제는 아닌 것 같다.

RDE는 극단적으로 말하면 모든 것이 과도영역이라 배출가스 유량과 그 온도 예측이 매우 어렵다. 그러나 NOx 감축기술은 이미 존재하고 있고 실적도 있다. 그렇다면 더 넓은 운전영역에서의 배출가스 유량과 온도를 정확하게 예측하고 순간적으로 제어하면서 보정제어까지 순간적으로 정확하게 하면 「RDE를 두려워할 필요가 없는」 것이 아닐까? 다만 기존의 NOx와 PM의 시소게임이 아니라 거기에 항상 CO_2가 엮여 있다. 이 삼자의 균형을 항상 감시해야 하는 것이다.

VW 디젤 게이트 전까지는 WLTC에서 RDE라는 방법이 확인되면서 건설적인 논의가 이루어졌다. 그러나 디젤 게이트를 계기로 환경보호단체나 정치가가 뛰어들면서 과학적 논의와 정당한 진행이 존중되지 않고 무너져 버렸다. RDE 대책은 극단적으로 말하면 모두에서 말한 그대로이다.

「액셀러레이터 페달을 밟아도 재미있게 달리지 않는 자동차」로 만들지, EV로 만들지. 비용을 투입할 수 없다면 후처리 장치를 장착해 「엔진 맛」을 감당할 만큼 고가의 자동차로 만드는 길도 있다. 「가솔린차는 관계없다」라는 말은 매우 동떨어진 이야기로서, 아우토반에서 300km/h를 낼 수 있는 자동차도 대가를 치러야 한다.

자동차에서 배출되는 NOx가 어떤 악영향을 끼칠지는 별도의 기사를 참조해 주기 바란다. 대기로 배출된 NOx는 농도가 문제로서, 자동차가 집중된 지역에서 국지적인 오염을 불러온다. 그러나 자동차의 배출규제는 「양」이지 농도가 아니다.

자동차 1대씩의 발생량 억제가 자동차 집중지역에서는 농도대책이 되겠지만, 동시에 NOx는 「바람에 날려서 엷어지면 특별한 해는 없어지기도 한다」. 대기권 내에 존재해서 곤란한 것은 CO_2 등과 같은 온실효과 가스이다. 디젤차에 관해 말하면, 유럽에서는 NOx/PM/CO_2 3가지가 서로 얽혀 있는 상태에서 CO_2를 우선시한 결과로서 선택을 내린 것이었지만, 이런 합의가 무너졌다. 하지만 NOx 대책 최전선에서 연구·개발하는 현장에서는 큰 도전목표를 가지면서 활기를 띠고 있다. 빛이 보이는 것이다.

디젤은

끝나지 않았다

the future of DIESEL ENGINE

NOx·PM을 줄이는 기술

디젤 엔진의 존속이 위험하다.
VW 디젤차의 배기가스 부정 발각이 발단이 되어 작금의 EV 시프트화 정보가 가세하면서
전 세계가 디젤 엔진의 미래에 대해서 비관적으로 바뀌고 있다.
앞으로 도입될 강력한 환경규제와 그 규제를 통과하기 위한 비용의 증가로 인해 경쟁력의
저하가 우려되는 등, 확실히 넘어야 할 과제가 산적해 있다.
그러나 지금까지 디젤 엔진은 규제를 극복하기 위한 기술혁신을 통해 더 깨끗하고,
더 낮은 연비에, 더 저비용을 실현해 온 경험이 있다.
호시탐탐 부활을 노리는 독일 자동차 회사는 엔진 국제회의인 「빈 심포지움」에서
새로운 디젤을 발표했다. 또 마쯔다는 저비용을 실현하기 위한 독자적 기술을 채택했다.
디젤 엔진이 진화해 나갈 길은 이미 보이고 있다.
그래서 디젤 엔진의 장점은 앞세우고 단점은 없애는 최신기술을 살펴보겠다.
이를 통해 디젤 엔진이 존속하느냐 아니냐는 논쟁에 종지부를 찍겠다!

사진 : 보쉬

INTRODUCTION — ①

본문 : 마키노 시게오   사진 : ACEA

EU 신차 시장에서 CO_2가 증가
배출 감축은 「디젤 의존」이 강했다.

VW(폭스바겐)의 디젤 게이트 문제가 불러온 유럽에서의 「디젤차 불신」은
공교롭게도 EU에서 자동차에서 나오는 CO_2 배출 감축에 브레이크를 걸어버렸다.
디젤차가 팔리지 않으면 2021년의 CO_2 규제는 달성되기 힘들 것이라는 말이 나오고 있다.

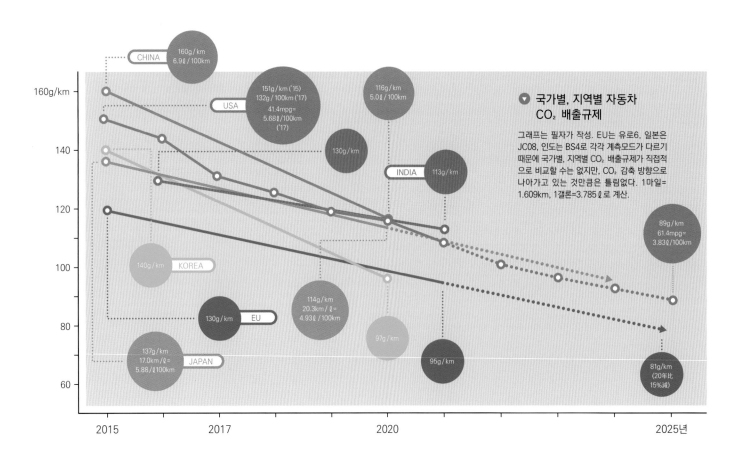

국가별, 지역별 자동차 CO_2 배출규제

그래프는 필자가 작성. EU는 유로6, 일본은 JC08, 인도는 BS4로 각각 계측모드가 다르기 때문에 국가별, 지역별 CO_2 배출규제가 직접적으로 비교할 수는 없지만, CO_2 감축 방향으로 나아가고 있는 것만큼은 틀림없다. 1마일= 1.609km, 1갤론=3.785ℓ로 계산.

ACEA(유럽 자동차공업회)가 정리한 EU(유럽연합) 및 EFTA(유럽 자유무역권)의 2018년 상반기(1~6월) BEV(배터리 충전식 전기자동차) 판매는 86,111대로, 전년 동기대비 37.2%가 증가했다. PHEV(플러그인 하이브리드차)도 83,875대로 전년 동기대비 45.3% 증가했다. 승용차 시장 전체는 4,363,148대로 전년 동기대비 16.3% 증가에 그친 것을 보면 양 카테고리의 증가율이 매우 높다는 사실을 알 수 있다. 그러나 비율로 보면 BEV는 전체의 1.97%를 차지하고 PHEV도 2.15%에 지나지 않는다.

덧붙이자면 「엔진 차는 판매금지」 결정을 내린 프랑스에서의 BEV 판매대수는 14,404대로, EU 내에서는 독일에 이은 판매대수 이지만 전년 동기대비로는 6.2% 증가에 머물렀다. 프랑스에 동조하는 형태로 「엔진 차 판매금지」에 찬성하는 발언을 한 영국은 7,407대로 전년 동기대비 3.2%가 줄어들었다. EU/EFTA에서는 유일하게 전년 동기대비 마이너스이다.

정권의 점수를 벌기 위해서 환경장관이 「엔진차 NO」라고 해도 시장은 현실적이었다.

한편 디젤 승용차는 2,962,990대로 전년 동기대비 16.9% 마이너스였다. 2015년 가을에 미국에서 발각된 VW(폭스바겐)의 배기

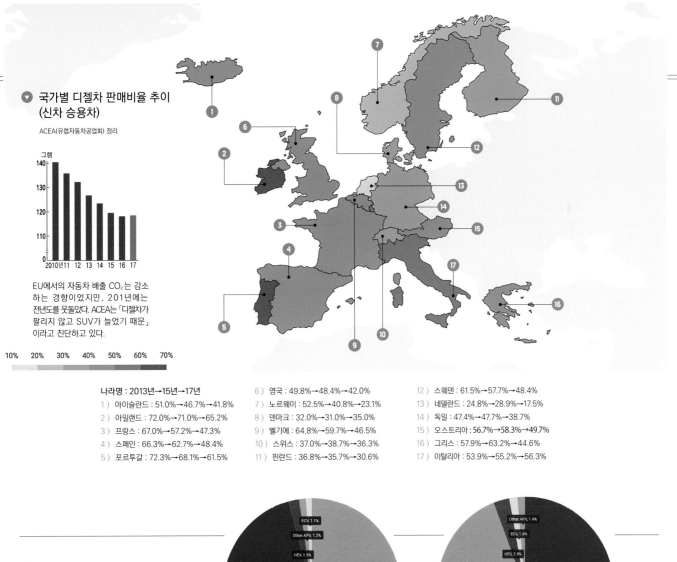

국가별 디젤차 판매비율 추이
(신차 승용차)

ACEA(유럽자동차공업회) 정리

그램

EU에서의 자동차 배출 CO₂는 감소하는 경향이었지만, 201년에는 전년도를 웃돌았다. ACEA는 「디젤차가 팔리지 않고 SUV가 늘었기 때문」이라고 진단하고 있다.

10%　20%　30%　40%　50%　60%　70%

나라명 : 2013년→15년→17년
1） 아이슬란드 : 51.0%→46.7%→41.8%
2） 아일랜드 : 72.0%→71.0%→65.2%
3） 프랑스 : 67.0%→57.2%→47.3%
4） 스페인 : 66.3%→62.7%→48.4%
5） 포르투갈 : 72.3%→68.1%→61.5%

6） 영국 : 49.8%→48.4%→42.0%
7） 노르웨이 : 52.5%→40.8%→23.1%
8） 덴마크 : 32.0%→31.0%→35.0%
9） 벨기에 : 64.8%→59.7%→46.5%
10） 스위스 : 37.0%→38.7%→36.3%
11） 핀란드 : 36.8%→35.7%→30.6%

12） 스웨덴 : 61.5%→57.7%→48.4%
13） 네델란드 : 24.8%→28.9%→17.5%
14） 독일 : 47.4%→47.7%→38.7%
15） 오스트리아 : 56.7%→58.3%→49.7%
16） 그리스 : 57.9%→63.2%→44.6%
17） 이탈리아 : 53.9%→55.2%→56.3%

2016년과 17년 비교
(EU 선행가맹 15개국 데이터)

● 가솔린 엔진차　　● 전기 이외의 대체연료차
● 디젤 엔진차　　○ 전기자동차
● 하이브리드 차

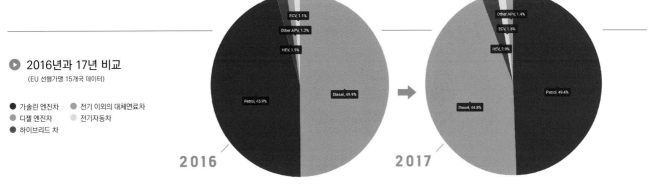

2016　　　2017

가스 부정문제가 다른 독일 제조사한테까지 불똥이 튄 결과이다. 배기가스 정화를 우선하는 제어를 정지시키는 디피트 스트래터지(Defeat Strategy)를 다임러와 BMW, 오펠에서도 사용한 것이 확인되면서 VW을 포함한 무상회수·수리 대상인 500만대에 이르렀다. 디젤 엔진에 대한 신뢰는 바닥으로 떨어져 2016년에는 EU/EFTA에서 디젤 승용차 판매가 감소했다. 2017년에는 더 줄어들었다. 대수로 따지면 60만대 감소이다.

EU 산하의 유럽환경기관(EEA)의 보고에 따르면 2017년에 EU 역내에서 판매된 신형 승용차의 주행 1km당 CO₂ 배출량 평균이 118.5g이다. 2016년 상반기보다 0.4g이 늘어난 수치이다. 2010년 이후 착실하게 매년 마이너스를 계속해 왔던 CO₂ 배출실적이 확 바뀌면서 2018년에는 증가할 우려를 안게 된 것이다.

이 이유에 대해서 ACEA는 「한 가지는 SUV 비율의 증가, 또 한 가지는 디젤차의 대폭적인 마이너스」라고 언급하고 있다. 관계자

사이에서는 「CO₂ 감축이 디젤에 많이 치우쳤다」는 발언이 흘러나오기도 한다.

유럽에서의 SUV 인기는 변함없이 계속 중이어서 판매되는 신차의 차량 중량이 늘어나고 있다. 「디젤 SUV같은 경우는 아직 여유가 있지만 늘어나고 있는 것은 가솔린 SUV」이다. 경유 소매 가격이 올라간 나라에서는 디젤 게이트 이상으로 연료 가격의 영향이 컸다. 2021년에 1km 주행평균 95g이라고 하는 EU규제값이 이대로는 모든 EU 차원에서 달성하지 못할 공산이 크다. 과거 7년 동안 1km당 23g을 줄일 수 있었던 이유 가운데 하나는 디젤차의 판매 호조 때문이었다.

BEV 보급에는 보조금이 필수적이다. 덴마크에서는 2015년에 2500대의 BEV가 팔렸다가 2017년에는 300대 이하로 떨어졌다. 구입할 때 우대책을 축소한 것이 원인이었다. BEV 가격경쟁력은 아직도 갈 길이 멀다는 것이 실제 상황이다.

또 하나, NOx라고 하는 문제
궁극적인 것은 배기가스가 없는 BEV이지만…

N₂O	일산화이질소
NO	일산화질소
NO₂	이산화질소
N₂O₃	삼산화이질소

▼ NOx 배출 총량이 줄어 배출 점유율도 바뀐다.

배출가스 규제가 진행되면서 대기 관측을 통해 확인된 NOx 배출은 크게 줄어들었다. 2020년 예측은 23만 톤으로, 2005년과 비교해 72% 감소. 디젤차 배출은 4분의 1 이하로 떨어져 일본 전체의 NOx 배출에 대한 기여율이 61.9%에서 49.6%로 감소했다.

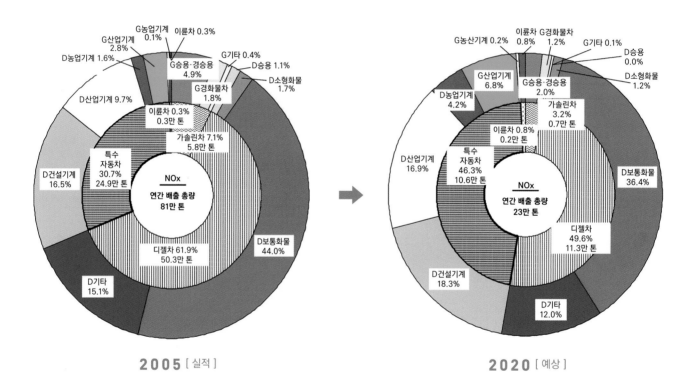

2005 [실적]　　　　　**2020** [예상]

디젤 엔진의 장점은 가솔린 엔진과 비교했을 때 열효율이 높아 CO₂ 배출이 15% 이상 적다는 점이다. 반면에 NOx(질소산화물)이나 PM(Particulate Matter=미립자 물질) 같은 배출가스 규제물질의 배출이 많다.

연료를 거의 이론공연비로 연소해 배출가스에 산소가 포함되지 않는 가솔린 엔진은 삼원촉매를 사용해 NOx, CO(일산화탄소), HC(탄화수소) 규제 3물질을 단번에 걸러낼 수 있다. 디젤 엔진은 공기과잉 상태로 연소하기 때문에 삼원촉매를 사용하지 못한다.

이 차이가 크다.

NOx는 왜 발생하는가. 연료에는 N(질소)나 O(산소)도 들어있지 않다. 이것은 대기 속 성분인 것이다. 지구의 대기 성분은 N₂(질소 분자)가 약 78%, O₂(산소 분자)가 약 21%, Ar(아르곤 0.93% 정도)이고, 기타 등등 (CO₂는 0.03%)의 합계가 거의 1%로 구성되어 있다.

이 공기가 흡입되어 C(탄소)와 H(수소)를 중심으로 구성된 가솔린이나 경유와 연소하면, 특히 고온연소 때 타고남은 미량의

O₂가 대량으로 존재하는 가열된 N₂와 반응해 NOx가 되어 배출가스와 함께 대기로 방출되는 것이다.

덧붙이자면 NOx란 상단에 표시했듯 4가지 종류가 있다. C와 H 화합물을 연료로 삼으면 연소단계에서는 NO가 90~95%를 차지한다.

NO는 대기 속에서 O와 결합해 NO₂가 되고, 이 NO₂가 태양광의 자외선에 노출되면 NO₂에서 O가 분리되어 O₃가 생성된다. 이것을 포토 케미컬 리액션(광화학)이라고

부르는데, 광화학 스모그의 중심물질인 O_3이다. 이것을 발생시키지 않기 위해서 NOx 배출을 규제하게 되었다.

지구온난화현상이 주목 받기 전, 아직 온실효과를 일으키는 CO_2 가스가 인식되기 전에는 NOx를 퇴치하기만 하면 되었다. 그래서 승용차는 가솔린이 대세를 차지했던 것이다. 한편 디젤은 자동차용 가솔린을 사용할 때의 불꽃점화 한계인 보어 지름 110mm 정도보다 큰 보어의 대형 상용차용 엔진을 독점했다.

나중에 이것이 NOx와 PM(미립자 물질)의 배출가스 문제를 일으켰던 것인데, 근래에는 NOx와 PM분만 아니라 CO_2 감축도 중요해지면서 이것이 엔진 설계를 일거에 어렵게 만들고 있다.

연소 온도가 낮으면 PM이 발생하고 높으면 NOx가 발생한다. 이 두 가지를 균형 잡으면서 CO_2를 줄이는 것

또 농후한 공연비를 사용하지 않고, 연소 온도를 너무 높이지 않으며, 연소를 신속하게 끝내는 PCCI(Premixed Charge Compression Ignition), 스파크 플러그를 사용하지 않는 예혼합 압축착화가 디젤 엔진에서의 이상일 것이다. 다만 VW 디젤 게이트 이후의 유럽에서는 배기 후처리 장치만 주목받고 있어서 본말이 전도된 느낌이다.

최종적으로 보면 자동차는 무배출 가스가 되어야 한다. BEV(배터리 충전 방식 전기 자동차)나 수소로 발전하는 FCEV(연료 전지 전기 자동차)이다. 그러나 BEV는 발전방법이 문제이다. 발전단계에서 환경에 부담이 크다면 하지 않느니만 못하다.

석탄화력 발전 의존도가 높은 현재의 일본에서는 엔진차를 달리게 하는 것이 오히려 환경에 부담을 덜 준다는 주장이 연구자들 사이에 널리 퍼져 있다. CO_2라고 하는 주제가 있는 이상, 디젤 엔진이 짊어져야 할 분야가 있다. 그래서 개발이 계속되고 있다. 결코 「끝난 기술」이 아닌 것이다.

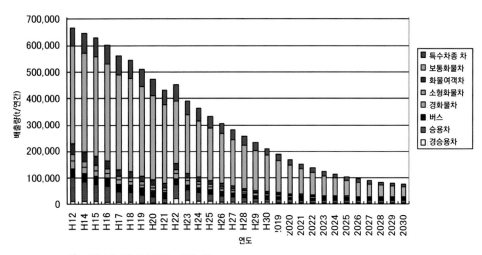

◢ 일본의 연도별 NOx 배출량

2009년도와 2010년도 사이의 단차는 총주행량 감소 외에 배출가스 산정방식과 배출계수 원단위가 다르기 때문이다. 독립주행식 건설기계 등 특수차량(특수 차종이 아님)을 포함하지 않기 때문에 NOx 감축효과를 잘 알 수 있다. 바꿔 말하면 건설기계나 산업기계에도 배출가스 대책이 필요하다.

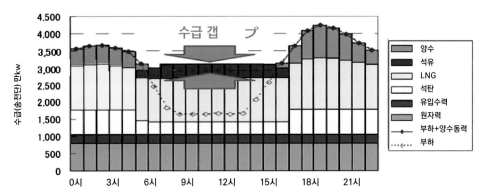

◢ 2030년에도 석탄화력은 최대로 가동

2030년에 전력수요가 최저인 날(골든위크 중)을 예상한 그래프. 도쿄전력과 도호쿠전력의 관내에 약 250만 대의 BEV가 있다고 치고 대부분의 차가 야간에 충전한다고 가정하면, 야간에 석탄화력 발전을 최대로 가동시킬 필요가 있다. 원자력에서 100만kW를 보충한다고 해도 화력은 필수이다. 전력부하가 작을 때 펌프로 물을 퍼 올리는 양수발전까지 동원한다.

◢ 각국의 엔진차 금지발언과 진위

나라명	보도내용	결정상황
네델란드	2025년까지 내연기관을 동력으로 하는 자동차의 새로운 판매를 금지한다.	여당이 제의해 하원의회에서 다수의 찬성을 얻기는 했지만 법제화 단계까지는 이르지 않은 상태이다.
노르웨이	2025년 이후의 가솔린·디젤차의 새로운 판매를 금지한다.	주요정당 사이에서 합의가 형성되었다고 보도되었지만 보수당은 「법제화 합의는 아니다」고 언급한다.
프랑스	2040년까지 가솔린·디젤차의 새로운 판매를 금지한다.	환경연대이행 장관의 발언. 의회에서는 아직 논의되지 않고 있다.
영국	2040년까지 내연기관을 동력으로 하는 자동차의 새로운 판매를 금지한다.	프랑스 발언을 듣고 환경식량부 장관이 발언. 이후 구체적인 움직임은 없다.
독일	2030년까지 내연기관을 동력으로 하는 자동차의 새로운 판매를 금지한다.	연방참의원이 정권에 요청서를 제출. 법적인 구속력은 없다.
중국	미래에 가솔린·디젤차의 새로운 판매금지를 검토한다.	중국공업정보화부 차관이 「관계부서와 검토에 들어갔다」고 발언. 공산당 집행부의 지시는 아닌 것 같다.
인도	2030년까지 가솔린·디젤차의 새로운 판매를 금지하고 국내 판매차는 모두 BEV로 바꾼다.	전력부, 석탄부, 고산부, 신재생 에너지부가 발언. 공공장소의 검토까지는 이르지 못하고 있다.

각국의 「엔진차 금지」발언 이후를 쫓아가 보면 현 시점에서는 법적 구속력은 존재하지 않는다. 그 나라의 정권정당은 어떻게 될지, 경제는 어떻게 될지, 원유 가격은 어떻게 될지, 발전정보는 어떻게 될지 등, 수많은 요소 사이에서 이 문제는 요동칠 것이다. 유일하게 BEV와 전지로 「자동차 강국」을 지향하고 있는 일당독재국가 중국에서만큼은 법제화될 가능성이 높다.

본문 : 다카네 히데유키   사진 : MFi   수치 : AVL자팬

디젤이 지구를 구한다!?

AVL이 그리는 "제로 임팩트"

최근 항간에서 떠도는 「디젤 멸종론」에 대한 AVL의 의견을 물었더니,
그 대답은 멸종론은 커녕 「디젤 엔진이 공기를 깨끗하게 할 가능성」까지도 시사했다.
항상 미래를 내다보면서 기술개발에 주력하고 대안을 제시하는 AVL이 생각하는 디젤의 앞날은?

AVL자팬
파워트레인
엔지니어링사업부
부사업부장

노요리 다카히로
Takahiro NOYORI

스즈키에서 사륜용 엔진이나 에너차지 개발에 관여, 이후 AVL자팬으로 이직. 현재는 와세다대학에 AVL기부 강좌를 하고 있으면서 와세다대학 이공학술원 비상근강사도 역임하고 있다.

오스트리아 그랏츠에 본사를 두고 있는 AVL은 파워트레인 개발을 수탁하는, 대표적인 기술 컨설턴트이다. 디젤에 대한 대처가 궁금해서 물어보았다.

「AVL은 원래 디젤 엔진 연구소로 출발했기 때문에 디젤 엔진에 관한 노하우나 개발에 임하는 열정은 어느 곳과 비교해도 뒤지지 않는다고 생각합니다」. 이렇게 말하는 사람은 AVL자팬 파워트레인 엔지니어링사업부의 부사업부장인 노요리 다카히로씨이다.

「그러나 디젤은 과급기나 후처리 장치 등과 같은 장치가 붙으면서 개발 공정수가 늘고 있기 때문에 개발작업이 점점 복잡해지고 있습니다. 앞으로는 재생가능 에너지 비율이 높아질 것이라는 예측도 있지만, BEV와 재생에너지 조합은 그다지 궁합이 좋다고는 생각하지 않습니다.

전력 공급이 안정적이지 않아서 그대로 전력을 공급하는 것이 어렵다고 봅니다. 그 때문에 수소나 합성연료로 저장하는 방법이 효율적이라고 생각합니다. 또 가솔린 엔진은 RDE에 대한 배기가스 대응을 고려하면 이론 공연비로 운전할 필요가 있다고 AVL은 생각하고 있어서 열효율이나 연비를 추구하기

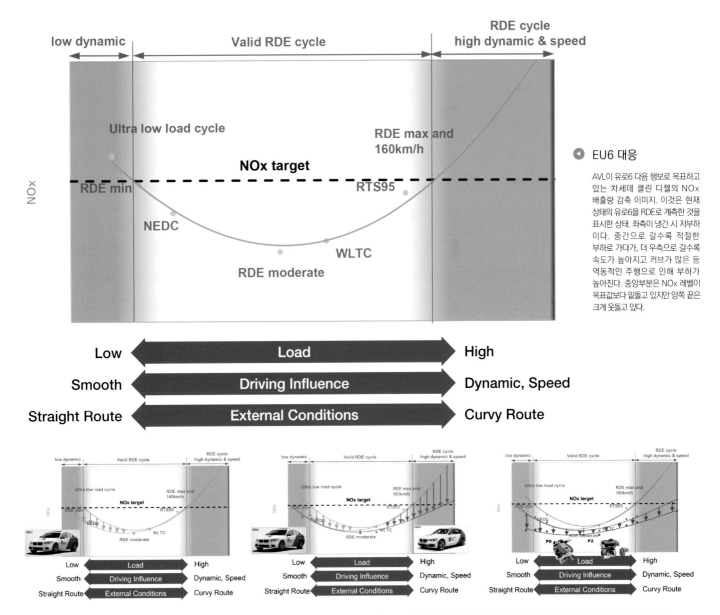

EU6 대응

AVL이 유로6 다음 행보로 목표하고 있는 차세데 클린 디젤의 NOx 배출량 감축 이미지. 이것은 현재 상태의 유로6을 RDE로 계측한 것을 표시한 상태. 좌측이 냉간 시 저부하 이다. 중간으로 갈수록 적절한 부하로 가다가, 더 우측으로 갈수록 속도가 높아지고 커브가 많은 등 역동적인 주행으로 인해 부하가 높아진다. 중앙부분은 NOx 레벨이 목표값보다 밑돌고 있지만 양쪽 끝은 크게 웃돌고 있다.

제1세대 대책으로 냉간 시에 후처리 장치인 촉매를 전기 히터로 가열하는 ECAT를 도입한다는 것이 좌측 그림이다. 이를 통해 냉간 시 출발상태에서 NOx 배출량을 크게 줄일 수 있다. 다음 제2세대 대책으로 요소SCR 촉매를 2단계화해서 요소 도우징을 두 가지로 했을 경우의 이미지가 가운데 그림이다. 고속주행 등에서 NOx 배출량이 크게 줄어든다. 이로 인해 전체 역역에서 거의 목표값에 도달한다. 최종단계 대책으로 모터를 조합한 하이브리드로 한 것이 우측그림 이미지. 전체 영역에서 NOx가 더 줄어들면서 목표값을 크게 밑돈다.

에는 한계가 있습니다.」

이번에는 디젤 엔진에 대한 AVL의 식견을 물어보았다. 가솔린 엔진의 미래에 관해서는 다른 기회에 물어보기로 했다.

「당사가 디젤용으로 개발을 지향하는 것은 제로 임팩트 이미션으로 부르는 시스템으로, 이것은 배기가스를 대기보다도 깨끗하게 하려는 것입니다. 구체적으로는 도심권의 오염된 공기를 디젤 엔진이 빨아들여 연소한 다음, 후처리 시스템 정화를 통해 대기 속 NOx나 PM 기타 오염물질을 줄이겠다는

목표인 겁니다.」

이런 생각은 90년대부터 스웨덴의 사브 등이 갖고 있었지만 현재는 예전보다 훨씬 배기가스 규제 레벨이 강화된 상태이다.

「현재 르노와 프랑스의 ifp사와 3사가 공동으로 배출가스 안의 배출물을 유로6 규제 값의 반까지 낮추겠다는 목표로 디젤 엔진을 개선하고 있습니다. RDE 중간 영역에서는 거의 제로 임팩트를 실현하고 있습니다. 그렇게 되면 문제는 냉간 시 저부하로 주행할 때의 배출량을 어떻게 억제할 것인가로

모아집니다.

이것은 촉매 온도를 빨리 높이는 것이 일단 중요합니다. 그러기 위해서는 전기 히터로 촉매를 적극적으로 가열하는 ECAT를 도입하는 것이 유효하다고 생각합니다. 그 다음 단계로 SCR촉매의 도우징(Dosing)을 두 가지로 해서 정화를 2단계로 함으로써 NOx를 더욱 줄이는 것이죠. 3번째는 모터를 같이 쓰는 하이브리드화입니다. 지금까지는 연비를 위한 하이브리드였지만, 앞으로는 배출가스를 줄이기 위해서 하이브리드를 사용하게 될

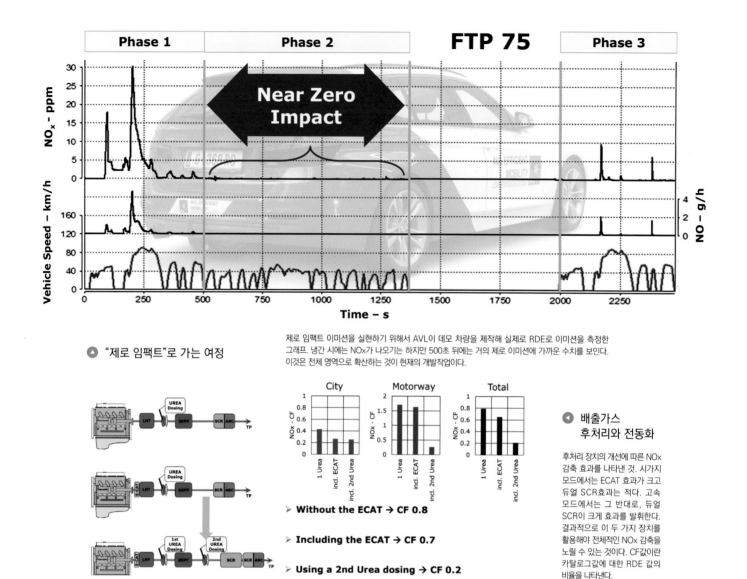

FTP 75

Phase 1 | Phase 2 | Phase 3

Near Zero Impact

NOₓ – ppm

Vehicle Speed – km/h

NO – g/h

Time – s

🔺 "제로 임팩트"로 가는 여정

제로 임팩트 이미션을 실현하기 위해서 AVL이 데모 차량을 제작해 실제로 RDE로 이미션을 측정한 그래프. 냉간 시에는 NOx가 나오기는 하지만 500초 뒤에는 거의 제로 이미션에 가까운 수치를 보인다. 이것은 전체 영역으로 확산하는 것이 현재의 개발작업이다.

City | Motorway | Total

NOₓ - CF

1 Urea / incl. ECAT / incl. 2nd Urea

➤ **Without the ECAT → CF 0.8**

➤ **Including the ECAT → CF 0.7**

➤ **Using a 2nd Urea dosing → CF 0.2**

◀ 배출가스 후처리와 전동화

후처리 장치의 개선에 따른 NOx 감축 효과를 나타낸 것. 시가지 모드에서는 ECAT 효과가 크고 듀얼 SCR효과는 적다. 고속 모드에서는 그 반대로, 듀얼 SCR이 크게 효과를 발휘한다. 결과적으로 이 두 가지 장치를 활용해야 전체적인 NOx 감축을 노릴 수 있는 것이다. CF값이란 카탈로그값에 대한 RDE 값의 비율을 나타낸다.

것입니다.」

지금까지 디젤은 클린 디젤, 하이브리드는 푸조나 메르세데스 등 일부를 제외하고는 가솔린 엔진과 조합하는 것뿐이었다. 이것은 단순히 클린 디젤이 가솔린 엔진보다도 비용이 많이 들어갔기 때문에 하이브리드화로 비용이 더 들어가는 것을 피했던 것이 원인이었던 것 같다. 48V 시스템이 보급되면 디젤과 하이브리드의 조합이 증가할 것 같다고 한다.

「이제야 드디어 48V 시스템이 도입될 것 같은 상황이 보입니다. P0는 15kW 정도의 출력이지만 P2는 30kW 정도의 모터를 계획하고 있죠. 모터를 고출력화하면 당연히 배터리 용량도 커지겠지만, C/D 세그먼트 이상에서는 효과를 감안하면 이 정도의 모터는 필요하다고 생각합니다.」

디젤 엔진 자체적으로는 앞으로의 효율 개선을 위한 기술도 개발 중이다.

「현재는 연소실 안의 소용돌이를 줄임으로써 연비향상을 목적으로 하는 피스톤 형상의 개선을 시도 중입니다. 최근에 가솔린도 텀블을 강하게 해 초기연소를 강화하는 경향입니다. 개인적인 의견이지만 조금 더 연소 전체를 생각해 볼 필요가 있지 않나 하는 생각합니다.」

어쩌면 노요리씨는 작금의 가솔린 엔진 완성도에 아쉬움이 있는 것 같다. 이 부분도 다시 새롭게 물어보고 싶은 대목이다.

「연소실 형상과 함께 소재도 검토 중입니다. 디젤용은 스틸 피스톤도 도입하고 있는 중인데, 이것은 앞으로 더 늘어날 것으로 생각합니다.」

스틸 피스톤은 열팽창이 낮고 얇게 만들 수 있어서 무게가 알루미늄 합금 제품과 비슷하다고 한다. 똑같은 의견을 이미 스틸 피스톤을 실용화(더구나 레이스용까지)하고 있는 독일의 말레 엔지니어한테서 들은 적이 있다. 다만 경량화를 위해서 피스톤을 짧게(Short Height) 하면 피스톤 목이 크게 흔들려 마찰손실이 증대될 가능성도 있다.

「그 점은 열팽창을 작게 하고 실린더 라이너의 마찰손실을 줄여서 해결할 수 있을 것으로 생각합니다.」

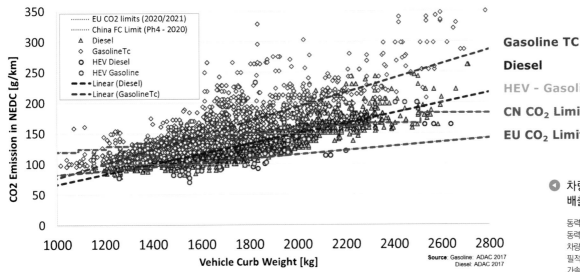

Gasoline TC

Diesel

HEV - Gasoline, Diesel

CN CO₂ Limit (Ph4 2020)

EU CO₂ Limit (2020/21)

Source: Gasoline: ADAC 2017
Diesel: ADAC 2017

🔵 차량 무게와 CO₂
배출량의 연료별 상관관계

동력 별로 본 차량 무게와 CO₂ 배출량 분포.
동력별로는 가솔린 터보가 가장 나쁘고, 디젤은
차량 무게가 가벼운 것도 가솔린 하이브리드에
필적할 만큼 낮은 CO₂를 자랑한다. 그러나
가솔린 터보, 디젤 터보 모두 2020년 이후의 EU
규제를 통과하는데 하이브리드를 빼고는
힘들다는 사실을 알 수 있다. 앞으로 디젤의
효율화를 추구할 때 소형차에서는 비용증가를
흡수하기가 어려울 것 같다.

🔽 차량 무게와 CO₂ 배출량의 연료별 상관관계

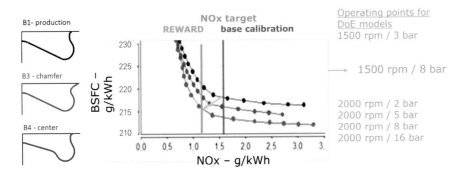

디젤 엔진의 연소기술로 연소실 형상의 개량을 통해 와류를 완화시킴으로써 NOx 감축을 지향하려는 접근방식. 연소실 상단의
모서리를 깎아냄으로써(Champer) 연료를 농후하게 해도 NOx 발생을 줄일 수 있다는 사실을 알게 되었다. 와류를 낮추어도 공기
유량을 방해하지 않는 사실도 판명되었다.

🔵 AVL의 성과 사례

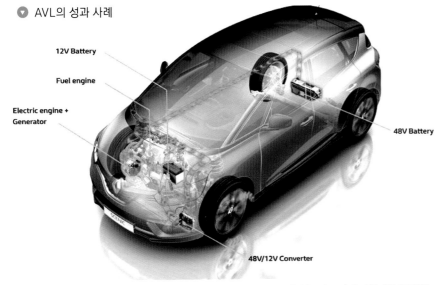

르노 세닉의 디젤 하이브리드. 48V 구동의 BSG를 1.5ℓ 터보 디젤과 조합하였다. 모터 출력은 P0(15kW) 정도이다. 향후 유럽에서는
이 패키지가 보급될 것 같다.

그러나 승용차용 디젤과 관련해서 말하자면, 앞으로는 가솔린 엔진과의 부품 공용화가 진행되면서 필연적으로 알루미늄 블록을 사용해야 한다. 그렇게 되면 실린더 라이너가 필수가 될 것이다. 일부에서는 라이너 없는 실린더를 사용하기도 하지만 스틸 피스톤에서는 사용할 수 있을 것 같지 않다.

「그 다음은 연료분사 압력을 높임으로써 연료의 미세화나 분사 패턴 등의 개선을 기대할 수 있습니다. 현재는 250MPa로 작은 노즐 구멍을 테스트하고 있습니다.」

AVL에 따르면 디젤 엔진의 현재 열효율은 42~44%가 최고라고 한다. 이것을 5% 향상하는 것이 단기적 목표로서, 그러기 위해서는 이들 기술을 개발해 자동차 제조사에 제안하겠다는 입장이다.

「지난 4월에 개최된 빈의 모터 심포지엄에서는 VW, PSA, 다임러가 새로운 디젤 엔진을 발표했습니다. 이에 대해 방문객들 대부분이 많이들 놀랐는데, 유럽 제조사는 역시나 디젤 엔진을 젖혀놓지 못한다고 생각한 것이죠. 엔진 개발에는 막대한 시간과 돈이 투입되기 때문에, 막 등장한 디젤은 2028년까지는 생산될 겁니다.」

역시나 디젤은 계속해서 진화할 것 같다.

본문 : 마키노 시게오 사진 : IAV/국토교통성/야마가미 히로야

실제도로 상 시험 RDE 실시

「최악의 상태」를 시뮬레이션

자동차 배출가스·연비를 계측하는 시험은 모두 조건을 갖춘 실내에서 이루어진다. 섀시 다이나모 위에서 주행시켜 「최고득점」을 지향하는 시험이다. 이에 반해 RDE는 실제 도로에서 「최악성능」을 확인해 가면서 개발한다.

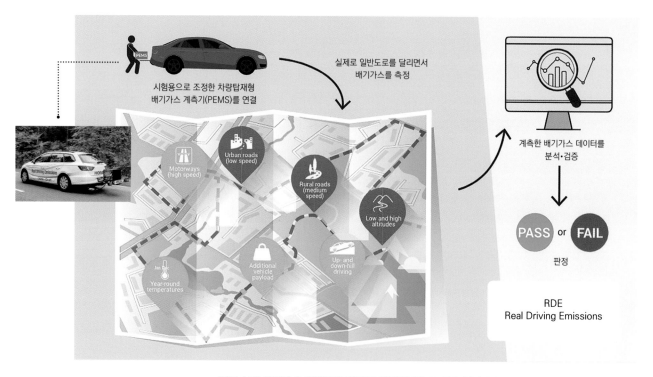

시험용으로 조정한 차량탑재형 배기가스 계측기(PEMS)를 연결

실제로 일반도로를 달리면서 배기가스를 측정

Motorways (high speed)

Urban roads (low speed)

Rural roads (medium speed)

Low and high altitudes

Year-round temperatures

Additional vehicle payload

Up- and down-hill driving

계측한 배기가스 데이터를 분석·검증

PASS or FAIL

판정

RDE
Real Driving Emissions

🔺 **도로 배출가스 시험**

기온과 습도를 일정하게 한 실내에서 섀시 다이나모 위에 올린 다음 도로와 유사하게 달리면서 계측하는데 반해, RDE는 일반도로에서 실제로 달리면서 계측한다. 기본적으로는 WLTC의 주행패턴을 사용하지만 운전역역은 WLTC보다 훨씬 넓다(다음 페이지 참조). 또 다이나모 시험은 운전자 차이가 개입되는 시험이지만, RDE에서는 운전자 차이에 대한 대응도 요구된다. 이점이 「최악에 대한 대비」이다.

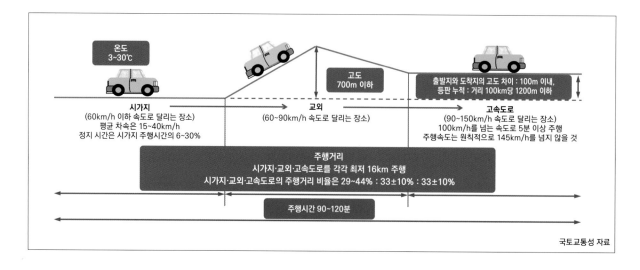

온도
3~30℃

고도
700m 이하

출발지와 도착지의 고도 차이 : 100m 이내,
등판 누적 : 거리 100km당 1200m 이하

시가지
(60km/h 이하 속도로 달리는 장소)
평균 차속은 15~40km/h
정지 시간은 시가지 주행시간의 6~30%

교외
(60~90km/h 속도로 달리는 장소)

고속도로
(90~150km/h 속도로 달리는 장소)
100km/h를 넘는 속도로 5분 이상 주행
주행속도는 원칙적으로 145km/h를 넘지 않을 것

주행거리
시가지·교외·고속도로를 각각 최저 16km 주행
시가지·교외·고속도로의 주행거리 비율은 29~44% : 33±10% : 33±10%

주행시간 90~120분

국토교통성 자료

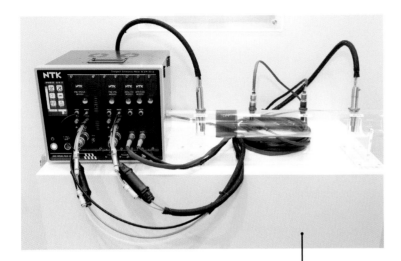

이동식 배기가스 측정기

좌측 사진은 일본특수도업이 개발한 이동식 배기가스 계측 시스템=PEMS(Portable Exhaust Measurement System). 이 제품은 개발할 때의 확인을 목적으로 한 장치이지만, 이런 기기의 실용화를 바탕으로 EU위원회는 실제로 도로를 달리면서 배기가스를 측정하는 방법을 시도했다. 실용화에 앞섰던 호리바제작소에서는 검사용도로 사용할 수 있는 고성능 타입을 준비 중이다. 더 작아지고 더 정밀화되고 있다.

CF **적합계수**
= Conformity Factor

일반적인 배출가스 규제값을 실제 도로 상에서 맞추는 일은 상당히 어렵기 때문에 NOx에 대해서는 처음에는 2.1배, 2020년 1월 1일 이후에는 1.5배 배출까지 인정된다.

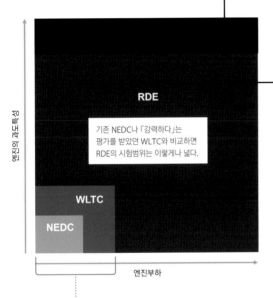

RDE

기존 NEDC나 「강력하다」는 평가를 받았던 WLTC와 비교하면 RDE의 시험범위는 이렇게나 넓다.

WLTC

NEDC

엔진부하

엔진의 과도특성

RDE에서는 100m 이하의 고도차이도 시험요소에 포함된다. RDE 어떤 경로로 시험을 해야 「최악」상황의 데이터를 쉽게 얻느냐 같은 대응이 요구될 것이다. 핀 포인트 대책이 아니라 강건성(Robustness)이 요구된다.

섀시 다이나모 시험

실내에서 하는 섀시 다이나모 시험은 재현성을 최우선에 두었다. 온도와 습도를 맞추고 시험 차량은 일정한 실온에서 두었다가 계측한다. 시험차량에는 주행풍을 모방한 바람을 쐬게 하지만 핸들은 조작하지 않는다. 액셀러레이터와 브레이크로 속도만 조정한다. 섀시 다이나모에는 차량 무게에 맞춘 부하는 걸 수 있지만, 중량이 다른 차종의 직접 비교는 안 된다.

유럽 엔지니어링 회사에서는 「RDE 시대에도 CO_2 성능에 있어서는 디젤 엔진의 우월성은 변함이 없다」고 말한다. 다만 조건이 따른다. 「저압·고압의 EGR(배출가스 재순환), LNT(Lean NOx Trap), SCR(선택 환원 촉매) 세트로 NOx(질소산화물)를 제거하고, PM(미립자 물질)은 DPF(Diesel Particulate Matter)로 제거한다. 여기까지 하지 않으면 2020년 1월 1일 이후의 CF(적합계수) 1.5 대응이 곤란하다」는 것이다.

RDE가 기존의 배출가스 모드 시험과 다른 점은 배출가스 값의 「최악」을 확인해야 한다는 것이다. 이 부분이 획기적이다.

배출가스 규제와 모드시험은 항상 세트로 움직인다. 「이런 주행 방식으로 달렸을 때 배출가스 안의 규제성분을 각각 이 이하로 낮추시오」라는 상한치를 정하는 것이 배출가스 규제로서, 어떤 시험으로 그것을 확인해야 할지에 대한 시험방법이 세세한 정보까지 공개된다. 그것이 모드시험이다. 수험자인 자동차 제조사나 수입

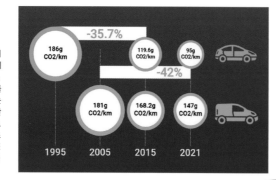

1 g/km			
0.8 g/km			
0.6 g/km			
0.4 g/km			
0.2 g/km			
0 g/km			

- Petrol Nox
- Petrol PM
- Diesel Nox
- Diesel PM

| Euro 1 1992 | Euro 2 1997 | Euro 3 2001 | Euro 4 2006 | Euro 5 2011 | Euro 6 2015 |

◉ RDE 도입 배경

배출가스 대책은 점점 강화되고 있어서 모드 시험에서는 모든 시판차량이 우수한 데이터를 보인다. 그러나 실제로 PEMS를 장착한 EU 위원회의 도로시험에서는 유로3이나 유로5도 거의 비슷하게 NOx 양이 배출되었다. 이것이 RDE를 도입해야 한다는 논의의 계기이다. 그리고 VWDML 디젤 게이트로 인해 RDE는 여지없이 시작되었다.

▶ 동시에 CO₂도 감축

예전에는 「배출가스 수치를 좋게 하기 위해서 연료를 사용」하는 것이 허용되었다. 그러나 현재는 CO₂ 규제가 엄격해서 연소로 배출가스를 낮추든지, 후처리 장치에 의존하는 방법 말고는 없다. 후자는 편리한 것처럼 보이지만 비용이 들어간다. 원래는 WLTC 내에서 배출가스 값과 CO₂를 낮추고 나서 RDE 도입을 준비할 예정이었다가 순서가 반대가 되어 버렸다.

186g CO2/km	**-35.7%**	119.6g CO2/km	95g CO2/km
181g CO2/km	**-42%** 168.2g CO2/km	147g CO2/km	
1995	2005	2015	2021

BEV PHEV

배터리 충전식 전기 자동차와 플러그인 하이브리드 차는 매우 유리하다.

이 등급은 엔지니어링 회사인 IAV에 의존한다. PN규제는 배출총량과 배출개수 양쪽을 제한하는 것으로, 도입 계기는 가솔린 직접분사 다운 사이징 과급엔진의 증가에 있다. 저속회전·고부하 영역에서 PM2.5 배출이 증가했기 때문이다. GPF(Gasoline Particulate Filter)가 필요하게 되었다.

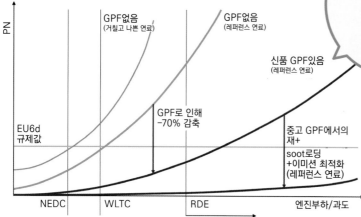

가솔린 PM

가솔린차, 특히 과급 엔진차에서 배출되는 PM2.5 같은 미립자 대책이 과제.

PN

GPF없음 (거칠고 나쁜 연료)

GPF없음 (레퍼런스 연료)

신품 GPF있음 (레퍼런스 연료)

EU6d 규제값

GPF로 인해 -70% 감축

중고 GPF에서의 재+ soot로딩 +이미션 최적화 (레퍼런스 연료)

NEDC　　WLTC　　RDE　　엔진부하/과도

BEV PHEV / 배터리 충전식 전기 자동차와 플러그인 하이브리드 차는 매우 유리하다.
배터리 충전식 EV는 물론이고 배출가스 제로인 ZEV(Zero Emission Vehicle)가 유리하다. 유럽에서는 벌칙이 따르는 CAFE(기업별 평균연비) 규제가 있어서 ZEV를 상품으로 갖는 것은 자동차 제조사한테도 CAFE 대책 상에서 유리하다.

업체는 이 모드시험의 요강에 따라 미리 시험을 하고, 제조상 편차가 있더라도 규제값을 충족할 수 있도록 배출가스 성능을 맞춰야 한다.

모드시험은 「출제가 정해져 있는 테스트」로서, 모든 수험자는 100점 만점을 받아야 한다. 규제값을 여유롭게 맞출 수 있는 차라도, 가령 「☆」수로 세금을 줄여주는 일본의 저배출가스 차 우대제도 같이 100점 만점 이상이 요구되는 경우에는 당연히 여기에 대응한다. 모드시험에는 150점, 200점 같이 적합수단도 존재한다.

한편 RDE는 응용문제와 같다. 시험주행은 일반도로에서 이루어지기 때문에 스티어링 주행이나 헤드라이트 점등 등과 같은 조작이 수반된다. 옥내의 섀시 다이나모 시험에서는 스티어링을 조작하지 않는다. 때문에 카탈로그의 「연비향상 대책」칸에 EPAS(전동 파워 어시스트 스티어링)이라고 기입된다. 핸들을 조작했을 때만 모터가 회전하는 EPAS는 차량이 직진하는 상태에서는 작동하지 않기 때문에 그만큼 연비가 좋아진다는 이론이다. 그러나 RDE에서는 EPAS가 연비향상 대책이 되지는 않을 것이다.

동시에 가솔린차든 디젤차든지 간에 엔진 배기량을 확대함으로써 엔진의 회진속도를 올리지 않고(다운 스피딩) 사용하는 방법이 엔진 설계의 트렌드가 될 것이라고 말한다. 과도한 다운 사이징이 아니라 라이트 사이징 또는 업 사이징이 트렌드가 될지도 모른다고 한다.

모드시험이 파워트레인 설계를 바꾼다는 말은 NEDC 하에서 과급 다운 사이징의 유행이 증명하고 있다. 많은 엔진 설계자가 「NEDC(New European Driving Cycle)나 WLTC(World har-

▶ 발전방식에 따라 평가가 달라진다.

석탄화력 발전은 CO_2 배출량이 많다. 반면에 재생가능 에너지로 불리는 풍력이나 태양광은 비교가 안될 만큼 적다. 원자력 발전이 거의 없었던 2013 일본의 전력평균 CO_2 발생량은 600g/kW 였다. 「BEV가 환경친화적」이라고 말하기는 힘들다. 극단적으로 말해 CO_2 배출 억제만을 생각한다면 원자력 발전으로 BEV를 달리게 하는 것이 최선이다.

> BEV는 배출가스 없음. PHEV는 배출가스를 배출하지만
>
> $$\frac{B\ km \times 0g/km + 25km \times HEVg/km}{B\ km + 25km}$$
>
> 로 우대를 받는다. Bkm는 전지로만 달릴 수 있는 거리.
> HEVg/km는 하이브리드로 달릴 때의 CO_2 배출량

2013년도 석탄, 석유, LNG 발전에 따른 배출 CO_2 양

Life Cycle CO_2 (g-CO_2/kwh)

	coal	petroleum	LNG	NG(combined)	solar	wind	nuclear	geothermal	water	average
943	864 / 79	738 / 695 / 43	599 / 476 / 123	474 / 376 / 98	38	25	20	13	11	

■ 연소할 때 발생
■ 설비 및 운용할 때 발생

자원별 발전 전력량과 CO_2 배출량은 환경성·자원에너지청 등의 자료를 바탕으로 저자가 계산했다.

2013년도 발전 전력량=9397억kwh

2.2%	지열&신에너지
8.5%	수력
14.9%	석유
43.2%	LNG
30.3%	석탄
1%	원자력

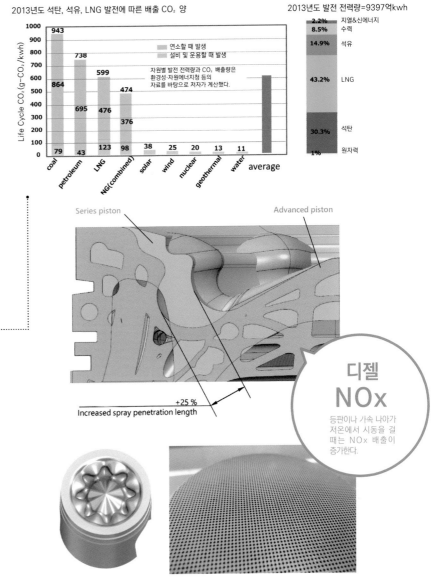

Series piston

Advanced piston

+25 %
Increased spray penetration length

디젤 NOx

등판이나 가속 나아가 저온에서 시동을 걸 때는 NOx 배출이 증가한다.

디젤의 RDE 대책으로는 더 효율이 높은 급속 저온 연소를 생각할 수 있다. IAV는 피스톤이 파인 부분을 연료 인젝터의 분사 패턴과 맞추는 방법을 제안하고 있다. 또 보쉬는 DPF와 SCR을 합체했다. 더 배기온도가 높은 곳에서 NOx를 처리하는 방법이다.

monized Light vehicle Test Cycle)에 최적화시킨 방법이다. 그러나 RDE 시대에는 더 이상 사용할 수 없다」고 말한다.

실제 도로 상에서 시험하는 RDE는 거의 모든 회전/출력 영역에서 배출가스 성능이 요구된다. 동시에 연비가 좋은 운전영역도 넓혀야 한다.

가속할 때의 순발력이나 고속회전까지 치고 올라가는 엔진 회전 상승 요소를 추구한다면, 연소할 때 NOx가 발생하더라도 후처리로 이것을 소화하는 방법을 채택해야 한다. 이것은 디젤이든 가솔린이든 마찬가지이다. 디젤 같은 경우는 후처리 장치를 의존하든가 또는 엔진 배기량을 늘려도 출력은 욕심내지 말고 모든 영역에서 EGR을 충분히 사용하는 운전으로 하든가, 이들 선택지로 귀착될

것이다. 다만 후처리 장치는 「최악의 상황」에 대한 보험으로 유효하다.

엔진 설계 쪽에는 어떤 운전을 해도 배출가스 값에 어느 정도 여유가 있는 설계가 요구된다. 어떤 식이든 CF는 ×1.2로 할지 또는 폐지하는 방향을 상정해야 한다. 또 측정결과를 환산하는 방법은 MAW법+EMROAD 소프트 방식으로 하든, SPF법+CLEAR 소프트로 하든 어차피 유럽에서 고안된 방법이라, 이 논의에 일본은 참가하지 못 했다. 이 건으로 일희일비하는 것은 어리석은 것이다. 외과수술이 서양의학이라면 일본은 근본적인 예방의학으로 대처해야 하지 않을까.

INTRODUCTION — 4

본문 : 마키노 시게오   사진 : IHS

전 세계적으로 본 디젤 엔진

수요 예측은 「감소」

작년 전 세계의 연간 신차 판매 대수(4륜차 이상)는 9680만 대로, 연간 1억대에 육박했다.
전 세계의 자동차 보유대수는 약 13억 4000만 대로, 이 증가는 신흥국 수요가 뒷받침한 것이다.

🔻 IHS의 수요예측(GVW 6톤 미만 차량, 상용차 포함)

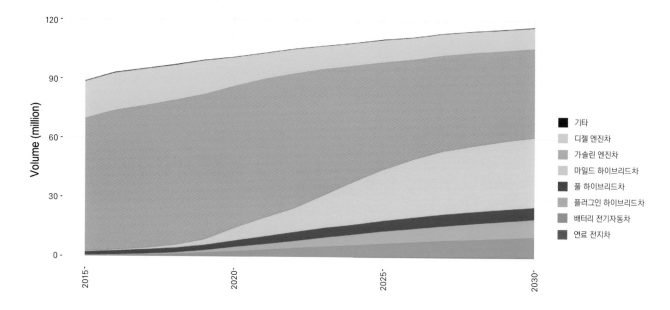

■	기타
■	디젤 엔진차
■	가솔린 엔진차
■	마일드 하이브리드차
■	풀 하이브리드차
■	플러그인 하이브리드차
■	배터리 전기자동차
■	연료 전지차

수요 예측 방법은 다양하다. 파라미터마다 숫자를 넣어 계산하는 방법이 있는가 하면, 대상기업에 대한 조사 결과를 누적하는 방법도 있다. 어떤 의도가 담기는 경우도 있다. 근래의 자동차 파워트레인 예측에서는 48V 마일드 HEV 취급에 있어서 견해 차이를 볼 수 있다.

추진파와 신중파 사이의 예측값이 크게 다른 것이다. 앞에서 해설한 RDE와 엮어 있어서 유럽에서는 48V 전원과 전동 모터를 출발이나 가속 어시스트로 사용하는 사례가 늘어난다는 견해가 있는 한편으로, 「48V는 어정쩡하다」「PHEV같은 경우는 CO_2 배출계산에 대한 혜택이 크다」는 목소리도 있다.

시장별로 보면 신흥국 비율 상승이 두드러진다. 중국을 신흥국으로 넣는다면 신흥국 비율이 세계 수요의 3분의 1이나 된다. 증가율도 신흥국이 앞선다. 자동차 시장이 성숙한 북미, 일본, 한국, EU 선행 가맹국 및 EFTA는 교체가 중심이라 극적인 신장은 기대하기 어렵다.

단기적으로 실시하는 스크랩 인센티브(교체 촉진책)가 일시적으로 수요를 떠받치기는 해도 일본의 에코카 감세정책이 그랬던 것처럼 사전 수요인 경우가 많다.

세계적으로 디젤차는 늘어날까. IHS 같은 시장조사회사, AVL 같은 엔지니어링 회사, 콘티넨탈 같은 메가 서플라이어의 예측으로는 디젤차가 「감소할 것」이라는 견해에 일치하고 있다. 감소폭은 예측 모체에 따라 약간의 차이가 있지만, 적어도 현시점에서 디젤차가 앞으로 「늘어날 것」이라는 예측은 찾기 힘들다.

예측에 있어서 몇 퍼센트의 편차가 발생하는 요인 가운데 하나는 연료가격이다. 예전 1970년대에 2번 일어났던 오일쇼크는 엔진 배기량의 다운 사이징을 촉발시켰다. 그러나 그래도 유럽에서는 가솔린 엔진이 압도적으로 많았다. 근래에는 인도가 연료정책을 전환하면서 디젤차의 판매 추이가 둔화되었다.

과거에는 기술혁신이 수요형태를 바꾸는 사례도 있었다. 1997년에

● 콘티넨탈 수요 예측(GVW 3.5톤 미만의 경량차)

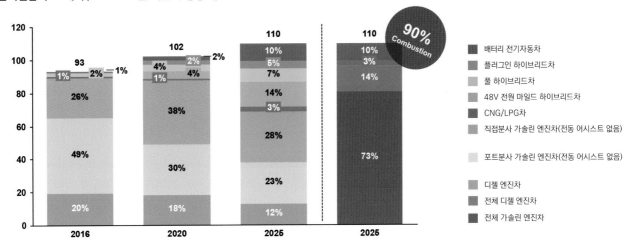

	범례
■	배터리 전기자동차
■	플러그인 하이브리드차
■	풀 하이브리드차
■	48V 전원 마일드 하이브리드차
■	CNG/LPG차
■	직접분사 가솔린 엔진차(전동 어시스트 없음)
■	포트분사 가솔린 엔진차(전동 어시스트 없음)
■	디젤 엔진차
■	전체 디젤 엔진차
■	전체 가솔린 엔진차

● 셰플러 그룹의 수요 예측(GVW 6톤 미만의 경량차)

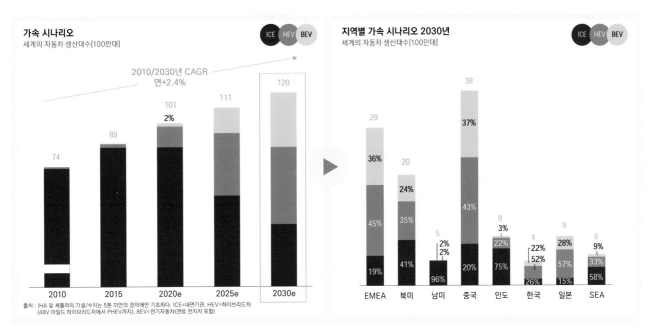

출처 : IHA 및 셰플러의 가설/수치는 5톤 미만의 경차에만 기초하다. ICE=내연기관, HEV=하이브리드차
(48V 마일드 하이브리드차에서 PHEV까지), BEV=전기자동차(연료 전지차 포함)

커먼레일 방식의 연료 공급장치가 실용화되자 다음해부터 유럽에서는 신세대 과급 디젤차가 증가한다. 93년에 디젤에 4밸브를 사용하기 시작했을 때는 극적인 수요 증가까지는 없었지만, 커먼레일은 파워 트레인 점유율을 크게 바꾸었다. 97년에 22% 정도였던 유럽의 디젤 승용차 비율이 5년 후인 02년에는 40%를 넘어선 것이다. 04년에 EU에서는 유로4 규제를 도입하지만 디젤차 점유율은 계속해서 증가해 11년에는 55.2%에 이른다.

15년 여름의 디젤 게이트 이후, 유럽에서는 디젤 승용차 비율이 눈에 띄게 줄어들었다. 15년 여름 시점에서는 배출가스 후처리 장치의 추가로 인해 비용이 상승한 디젤차의「가격 경쟁력에서 불리해질 것」이라는 예측이 나오면서,「신차 비율 50%대를 유지할 수 있는 것은 앞으로 몇 년뿐」이라고 전망되었다. 이와 비슷한 전망이 05년 무렵에도 있었지만, 확대 비율이 둔화되기는 했지만 감소에는 이르지 않았다. 그러나 디젤 게이트 때는 사정이 완전 바뀌었다.

과거를 되돌아보면「이제 디젤은 한계점에 도달」했다고 이야기 될 시점에는 반드시 기술혁신이 있었다. 93년의 4밸브 채택, 97년의 커먼레일 등장, 00년의 DPF, 04년의 2스테이지 터보, 06년의 요소 SCR, 08년의 LNT 등장, 10년의 압축비 14 발표, 11년의 트리플 터보 등등, 4반세기 동안 획기적인 디젤 기술의 등장은 손가락으로 꼽기 힘들 정도이다.

유럽에서 디젤을 멀리하는 분위기가 정착될 경우는 만회하기가 상당히 어렵다. 그렇다고 BEV가 그렇게 쉽게 주류가 되지는 못할 것이다. 북미같이 여러 대를 보유하는 개리지 문화가 EU에는 없다. 어느 정도 디젤에 의존하는 분위기가 당분간은 계속될 것이라고 생각하는 것이 타당할 것이다.

[Evolution Theory of Diesel Engine]

디젤을 진화시키는 기술

연비를 떨어뜨리지 않고 배출가스를 깨끗하게

가솔린 엔진은 스파크 플러그가 일으키는 불꽃으로 점화한다. 디젤 엔진은 스파크 플러그를 사용하지 않고 자연적으로 착화하는 압축착화이다. 이 방식 차이가 양쪽의 엔진 특징에 그대로 결부되는 동시에 극복해야 할 기술적 과제도 제시해 왔다.

배출가스 억제는 연소 개선과 세트

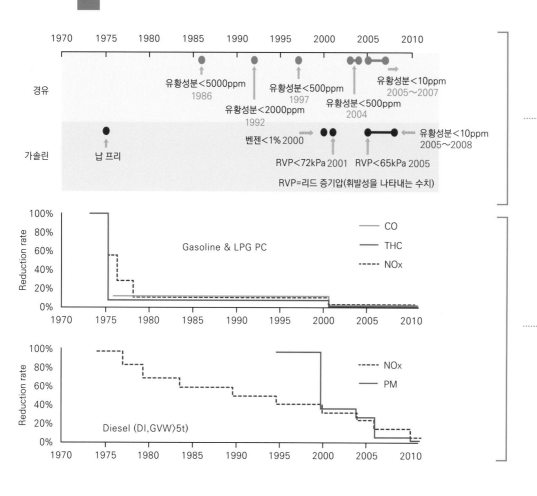

일본은 세계에서 가장 앞서서 가솔린으로부터 4에틸(테트라에틸)납을 없애기로 결정하고는 86년까지 완전 무연화를 달성했다. 경유는 유황성분을 꾸준히 줄여나가면서 현재는 전국적으로 10ppm 이하인 설퍼프리(Sulfur-free) 경유가 유통되고 있다. 연료 성질·상태의 양호성, 품질 안정도, 전국 어디서든 균일한 성분의 품질을 구입할 수 있다는 점에서 일본은 「세계적으로 배출가스 규제를 철저히 하는 나라」 가운데 한곳이다.

일본에서의 배출가스 규제 추이. 규제가 도입되었을 때의 수치를 100%로 가정하고 그 추이를 나타낸 것이다. 디젤차는 GVW (Gross Vehicle Weight=차량무게) 5톤 이상의 규제값이기는 하지만, 측정모드 차이까지 포함해 평가하자면 NOx는 현재 규제 시작 당초의 100분의 1 이하이다. NOx보다 늦게 시작한 PM규제도 단기간에 많이 진행되었다. 디젤 승용차는 더 깨끗해졌다.

디젤차에서 나오는 NOx와 PM은
배출가스 규제에 의해 격감했다.

일본에서 승용차의 배출가스 규제가 시작된 이후 어느덧 50년이 넘게 지나갔다.
그러는 동안 규제대상물질 배출은 격감해, 현재는 CO₂ 배출억제와의 균형이 과제로 등장한 상태이다.
그런 한편으로 산업기계와 건설기계가 배출 점유율에서 두드러지고 있다.

본문 : 마키노 시게오 사진 : MFi

일본에서 디젤차의 PM(Particulate Matter=미립자 물질)규제가 시작된 것이 1994년이었다. 그 전에는 PM을 그냥 배출했다. 우측 아래 그림의 「=T맵」은 공기와 연료의 비율(공연비)과 연소 온도의 관계를 나타낸 그래프로서, 여기에 디젤 엔진 데이터를 겹쳐보면 「어떤 연소를 지향하고 있는지」를 알 수 있다. PM은 입자가 작은 검댕이로서, 연소온도가 2000K(켈빈=열역학 온도) 전후에 연료가 농후한 상태에서 발생한다는 사실은 이전부터 알려져 있었다.

그러나 일본은 광화학 스모그 발생을 꺼리면서 극단적으로 NOx를 규제해 왔기 때문에 대형 디젤차에서도 NOx 발생을 억제하는 연소 온도 영역을 많이 사용했다.

유럽에서는 80년대 이후에나 NOx와 PM 양쪽을 균형 있게 억제하는 규제가 도입되었지만, 일본에서는 1970년에 도쿄 스기나미구에서 발생한 릿쇼고등학교 사건을 계기로 당시까지의 CO(일산화탄소)만 규제하던 방침에서 광화학 스모그의 원인물질로 52년에 미국에서 특정된 NOx와 HC(탄화수소)를 규제함으로써 철저하게 NOx를 통제해 왔다.

미국에서는 90년에 「티어0」연방규제가 시행되었다.

이것도 NOx와 PM을 세트로 하고 있는데, 일본에서는 당시 이시하라 도쿄도 지사가 99년에 「우리는 이런 것을 마시게 하지 않는다」며 검댕이가 들어간 병(안에는 정제된 흑연이지 디젤에서 유래한 DPM이 아니었다)을 들 때까지도 PM규제는 방치되어 왔다. 하지만 그 후의 전개는 「낙오자가 생겨도 어쩔 수 없다」고 할 정도로 강경한 규제강화로 바뀌면서 일거에 일본 디젤 배출가스 규제는 미국의 「티어2 bin5」를 쫓아간다.

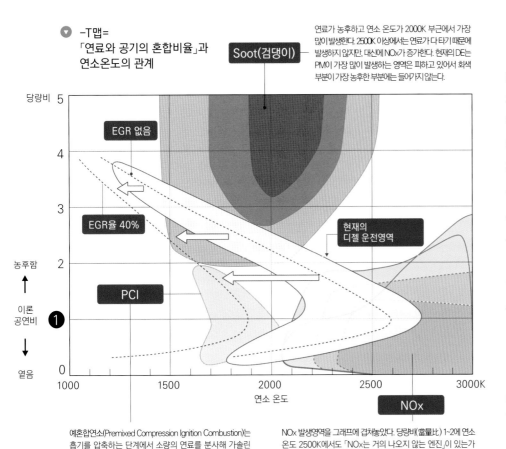

● –T맵=
「연료와 공기의 혼합비율」과 연소온도의 관계

당량비

연료가 농후하고 연소 온도가 2000K 부근에서 가장 많이 발생한다. 2500K 이상에서는 연료가 다 타기때문에 발생하지않지만, 대신에 NOx가 증가한다. 현재의 DE는 PM이 가장 많이 발생하는 영역은 피하고 있어서 회색 부분이 가장 농후한 부분에는 들어가지않는다.

Soot(검댕이)

EGR 없음

EGR율 40%

현재의 디젤 운전영역

농후함

이론 공연비 ①

PCI

옅음

NOx

연소 온도

예혼합연소(Premixed Compression Ignition Combustion)는 흡기를 압축하는 단계에서 소량의 연료를 분사해 가솔린 엔진 같은 혼합기를 만들고 나서 메인 분사를 하는 방식이다. 마쯔다와 토요타가 이런 방식을 채택하고 있다.

NOx 발생영역을 그래프에 겹쳐놓았다. 당량비(當量比) 1~2에 연소 온도 2500K에서도 「NOx는 거의 나오지 않는 엔진」이 있는가 하면, 같은 영역에서 NOx 발생이 많은 엔진도 있다. 평균하면 1 이하의 당량비, 연소 온도 2100K 정도에서 발생하기 시작한다.

애초에 일본의 자동차 배출가스 규제는 앞에서 언급한 릿쇼고등학교 사건이 트라우마로 작용하고 있었다. 릿쇼고등학교 사건이란 여름날의 뜨겁고 맑은 날에 운동 중이던 여학생들이 픽픽 쓰러졌던 사건이다. 이 사건이 NOx에 편중된 규제로 이어진다. 같은 해에 도쿄 신주쿠구의 우시고메야나기쵸에서 일어났던 「납중독 사건」은 가솔린 무연화로 이어진다(그 후 이 사건 자체가 날조임이 밝혀졌다).

미국의 자동차 배출가스 규제는 로스앤젤레스에서의 광화학 스모그가 발단이었다. 이런 사건들이 나라를 움직인 사례인 것이다.

무엇보다 규제가 없었다면 자동차용 엔진은 더 천천히 진화 되었을 것이다.

그런 의미에서는 VW의 디젤게이트가 RDE를 조기에 실시(이것은 이것대로 문제가 있기는 하지만)하는 쪽으로 정치를 움직이게 한 것도 이해할 수 있다.

그리고 강력한 규제는 기술혁신을 낳아 어려운 과제로 이야기되었던 일본의 포스트 신장기 배출가스 규제나 미국의 티어2 bin5 규제를 통과한 이후, 이번에는 도로 상 배출가스 시험이 출현했다. 앞으로 3~4년만 지나면 RDE 대응과 CO₂ 배출억제 두 가지의 양립도 당연시될 것이라 생각한다.

실제로 차세대 디젤 엔진 연구를 취재해 보면, 10년 전에는 「꿈같은 기술」이었던 것이 현실로 다가오고 있다. 동시에 불꽃점화 가솔린 엔진이 압축착화 영역에 들어가고 있으며, 디젤이나 가솔린 모두 희박연소(린번), 저온 급속 연소로 나아가고 있다. 열효율 목표가 현재로서는 50%이지만, 디젤에서는 2022년 무렵에는 시판차량 수준에서 달성될 것이라는 기대감을 가질 만큼 연구가 진행되고 있다.

규제물질의 100분의 1. 「그래도 나오지 않는가」라는 주장은 맞는 말이어서 「조건을 더 강하게 해야 한다」는 목소리가 RDE를 낳았다. 동시에 「승용차를 이 이상 심하게 규제하면 비용 대비 효과는 어떻게 하나?」는 의문도 강한다. 배출가스 대책이라고는 하지만 비용부담은 전적으로 사용자 쪽에 있다.

차량 1대의 배출 기여도는 03년에 겨우 도로운송차량법 상의 특수자동차 배출가스 규제대상차가 된 휠 크레인 쪽이 훨씬 높다. 가볍게 짜는 정도로 물이 떨어지는 수건이 아직도 존재한다. 반면에 디젤 승용차는 물을 거의 짜낸 마른 수건과 같다.

과제가 떨어지면 기술자는 전력으로 대응하지만, 과제 자체에 대한 의문과 정치적 의도는 항상 존재한다. 이 점을 잊어서는 안 된다.

#01 NOx 감축 솔루션 BOSCH

BOSCH

연료분사, 에어 매니지먼트 시스템, 온도관리를 통해 실현

NOx 배출량을
차세대 규제의 약 1/10로

기존의 기술을 더 갈고닦아서 2020년 이후의 NOx 배출량
규제를 통과하는 신기술이 보쉬에서 발표되었다.
디젤 엔진의 미래를 밝게 비추는 신기술을 파헤쳐 보겠다..

본문 : 가와시마 레이지로 사진&수치 : BOSCH

「디젤에는 미래가 있습니다. 우리는 오늘 디젤 기술이 끝났다는 논의에 종지부를 찍으려고 합니다.」

이것은 독일 본국 보쉬사의 대표이사 회장인 폴크마르 데너의 연차보고 기자회견에서 한 발언이다. 그와 동시에 앞으로 도입될 규제값을 현시점에서 통과할 수 있을 정도로 질소산화물(NOx) 배출량을 현저히 감축할 수 있는 신기술을 발표했다.

보쉬가 "디젤기술의 비약적인 전진"이라고 표현하는 신기술을 채택하면 질소산화물(NOx) 배출량을 현저히 감축할 수 있을 뿐만 아니라, 법 규제에 기초한 표준적 RDE(Real Driving Emission)를 상정한 코스에서 현재의 규제값은 물론이고 2020년 이후 도입될 예정인 규제값보다도 크게 밑돌게 된다. 여기서 말하는 기술을 "신기술"이라고 부르고는 있지

▶ RDE를 상정한 코스에서
이루어지는 반복적 테스트

신기술을 채택하면 NOx 배출량이 법적 규제기준의 RDE 사이클에서 13mg으로, 특히 엄격한 시내구간이라도 약 40mg으로 낮출 수 있다. 계절이나 온도차이, 운전자의 기량과 상관없이 달성할 수 있다는 사실만으로도 의의가 있다.

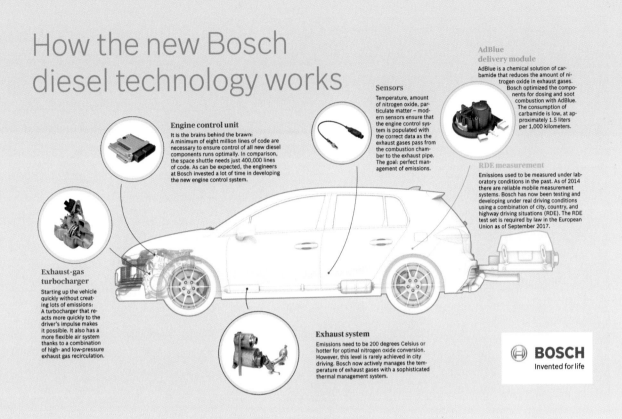

How the new Bosch diesel technology works

Engine control unit
It is the brains behind the brawn: A minimum of eight million lines of code are necessary to ensure control of all new diesel components runs optimally. In comparison, the space shuttle needs just 400,000 lines of code. As can be expected, the engineers at Bosch invested a lot of time in developing the new engine control system.

Sensors
Temperature, amount of nitrogen oxide, particulate matter – modern sensors ensure that the engine control system is populated with the correct data as the exhaust gases pass from the combustion chamber to the exhaust pipe. The goal: perfect management of emissions.

AdBlue delivery module
AdBlue is a chemical solution of carbamide that reduces the amount of nitrogen oxide in exhaust gases. Bosch optimized the components for dosing and soot combustion with AdBlue. The consumption of carbamide is low, at approximately 1.5 liters per 1,000 kilometers.

RDE measurement
Emissions used to be measured under laboratory conditions in the past. As of 2014 there are reliable mobile measurement systems. Bosch has now been testing and developing under real driving conditions using a combination of city, country, and highway driving situations (RDE). The RDE test set is required by law in the European Union as of September 2017.

Exhaust-gas turbocharger
Starting up the vehicle quickly without creating lots of emissions: A turbocharger that reacts more quickly to the driver's impulse makes it possible. It also has a more flexible air system thanks to a combination of high- and low-pressure exhaust gas recirculation.

Exhaust system
Emissions need to be 200 degrees Celsius or hotter for optimal nitrogen oxide conversion. However, this level is rarely achieved in city driving. Bosch now actively manages the temperature of exhaust gases with a sophisticated thermal management system.

BOSCH Invented for life

▲ 보쉬의 신 디젤기술을 구성하는 요소

신기술을 구성하는 요소로는 ECU, 각종 센서, AdBlue, 배기시스템, 터보차저를 들 수 있다. 배기 시스템에는 고도의 디젤 엔진용 서멀 매니지먼트 시스템(Thermal Management System)을 채택. 배출가스 온도를 적극적으로 제어해 배기 시스템이 확실하게 기능하는 안정적 온도 영역 이내(200℃ 이상)로 유지한다. 터보차저는 RDE에 맞춰서 최적화되어 있다.

만, 실제로는 기존 기술을 업그레이드해서 달성한 시스템이다. 추가 장치들이 불필요하다는 것도 매력이 될 수 있을 것이다.

흥미로운 것은 데너 회장이 도로교통에서 기인하는 CO_2 배출량과 관련된 투명성을 향상함으로써, 앞으로는 실제로 도로를 달릴 때의 연비와 CO_2 배출량을 측정하도록 요구했다는 점이다. 이것은 보쉬가 이 신기술에 남다른 자신감을 갖고 있다는 점, 그로 인해 앞으로도 디젤 기술개발을 계속할 의사가 있다는 점을 강력히 시사했다는 것이다.

이 신기술은 혁신적인 새 장치가 개발된 것은 아니다. 최첨단 연료 분사기술, 신개발 에어 매니지먼트 시스템, 거기에 지능형 온도 관리를 조합한 기술인 것이다.

상세한 것은 발표하지 않았지만, 공개된 한 장의 그림을 바탕으로 신기술을 구성하는 핵심 요소를 살펴보겠다. 먼저 신기술의 두뇌에 속하는 ECU. 「우주선에 필요한 코드는 40만 줄이지만 최신 장치를 장착한 디젤차를 적절하게 달리게 하려면 800만 줄의 코드가 필요하다.

그것을 처리할 수 있는 고성능 ECU 개발에 막대한 자금과 시간을 투자했다」고 적고 있다.

온도·NOx·PM 등과 같은 센서도 나타나 있다. 그리고 AdBlue. 보쉬의 배출가스 후처리 장치 Denoxtronic 5에 탑재된 32.5%의 요소수 용액과 그것을 분사하는 구성 부품들을 말한다.

배기 시스템은 배출가스 온도를 능동적

으로 제어하고, 터보차저는 운전자의 거동에 신속하게 대응하도록 함으로써 배출가스 순환압력의 고저에 대응하는 유연한 에어 시스템을 갖추고 있다. 물론 이것은 RDE에 최적화되어 있다.

2017년부터 유럽의 규제로 인해 시내, 교외, 고속도로 각 구간의 주행을 조합해서 RDE로 시험한 새로운 승용차는 1km 주행 당 NOx 배출량을 168mg 이하로 낮춰야 했다. 이 규제값이 2020년 이후에는 120mg으로 더 내려간다.

그러나 보쉬의 디젤기술을 채택한 승용차의 NOx 배출량은 법적 규제를 바탕으로 한 표준적 RDE 상정 코스에서, 현 단계에서 이미 13mg까지 억제하고 있다. 2020년 이후에 적용되는 규제값의 10분의 1을 밑돌고 있는 것이다. 게다가 테스트 파라미터가 법적 요건을 크게 웃도는, 특히 엄격한 시내 구간을 주행할 때도 보쉬의 테스트 차량은 1km 주행 당 NOx 평균 배출량이 40mg 정도에 그쳤다고 한다.

이렇게까지 RDE와 관련된 데이터를 강조하는 이유에서 보쉬의 신기술이 실용영역에서의 환경성능을 갖추고 있다는 점을 증명하는 일 외에, 실추된 느낌이 있는 디젤의 신뢰성을 향상시키겠다는 보쉬의 사명감을 느끼게 한다.

그렇다면 이 신기술은 다른 기술과 어떤 점이 다른 것일까? 엔지니어들은 이렇게 설명한다. 「디젤차의 NOx 배출량 감촉을 방해하는 원인 가운데 하나가 운전자마다 운전 스타일이 다르다는 겁니다. 이번에 보쉬가 개발한 기술 솔루션은 응답성능이 뛰어난 엔진용 에어 플로 관리 시스템입니다.

일반적으로 운전자의 운전 스타일이 역동적일수록 배기가스 재순환(EGR)도 역동적으로 이루어질 필요가 있겠죠. 신기술에서는 RDE에 맞춰서 최적화된 터보차저를 사용함으로써 이것을 실현한 겁니다.

또 에어 플로 매니지먼트 시스템은 고압과 저압의 배출가스 재순환을 조합해 더 유연하게 대응할 수 있도록 함으로써 속도를 급하게 낮추어도 배출가스 양이 급격히 증가하지 않게 합니다.

마찬가지로 중요한 것이 온도의 영향입니다. NOx 정화율을 최적화하려면 배출가스 온도가 200℃를 넘어야 하지만 시내를 달릴 때는 온도가 거기까지 도달하지 않을 때가 많습니다.

그래서 신기술에서는 고도의 디젤 엔진용 서멀 매니지먼트 시스템(열관리 시스템)을 채택했습니다. 이를 통해 배출가스 온도를

적극적으로 제어함으로써 배기 시스템을 확실하게 기능하게 하는 안정된 온도영역 내에 유지시키기 때문에 배출가스가 낮은 레벨로 억제할 수 있는 것이죠」(데너씨)

반복하게 되지만 보쉬가 발표한 신기술은 새로운 추가 장치를 필요로 하지 않는다. 그래서 급가속이나 저속 주행, 거기에 영하로 떨어지는 환경이나 가장 더운 여름철, 심지어 고속도로나 정체하기 쉬운 시내를 주행할 때 등과 같이 모든 운전상황 하에서 제한값을 밑도는 NOx 양을 배출한다.

「업계의 프로 운전자는 물론이고 일상적인 출퇴근 때 차를 이용하는 운전자 등, 모든 사람에게 디젤은 계속해서 도시교통의 선택지가 될 수 있을 겁니다」(데너씨). 디젤 엔진의 미래를 밝게 비춰줄 보쉬의 신기술이 시판차량에 빨리 탑재되길 기대해 본다.

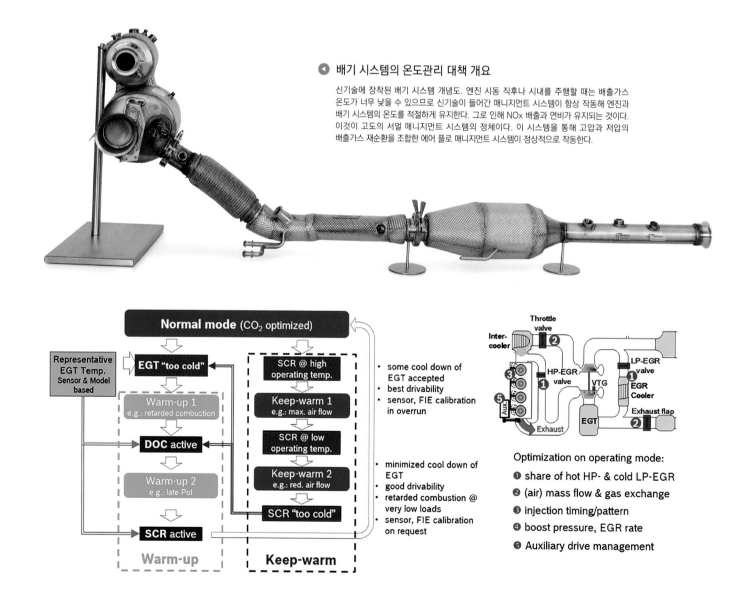

◀ 배기 시스템의 온도관리 대책 개요

신기술에 장착된 배기 시스템 개념도. 엔진 시동 직후나 시내를 주행할 때는 배출가스 온도가 너무 낮을 수 있으므로 신기술이 들어간 매니지먼트 시스템이 항상 작동해 엔진과 배기 시스템의 온도를 적절하게 유지한다. 그로 인해 NOx 배출과 연비가 유지되는 것이다. 이것이 고도의 서멀 매니지먼트 시스템의 정체이다. 이 시스템을 통해 고압과 저압의 배출가스 재순환을 조합한 에어 플로 매니지먼트 시스템이 정상적으로 작동한다.

● 슈투트가르트에서 시내주행 테스트를 실시

이번에 발표된 NOx 배출량은 법적 규제를 바탕으로 해서 RDE 상정 코스를 주행한 결과이다. 그런데 최근 논문에서는 슈투트가르트에서 RDE보다 더 엄격한 조건의 시내주행 테스트 결과를 발표하기도 했다. 이 테스트에서 사용한 차량은 1.7ℓ 소형차로서, 최고 출력과 최대 토크는 각각 110kW/340Nm 이다. 2200bar(솔레노이드 밸브) 인젝션 탑재. 거기에 RDE에 최적화된 터보차저를 비롯해 신기술을 탑재했다. 전 세계적으로 널리 판매되고 있는 크기의 디젤차를 대상으로 한 기술인 것이다.

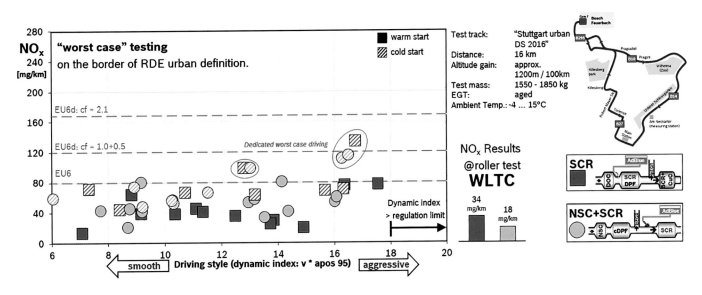

실험은 SCR만 탑재한 방식, SCR+NSC를 탑재한 방식 두 가지이다. 기본적으로 운전자의 기량에 좌우되지 않고 2020년에 도입될 예정인 규제값 120mg를 밑돈다. 실험결과를 보면 콜드 스타트·거친 운전·SCR만 장착 등 최악의 조건으로 이루어졌다는 것을 알 수 있다.

#02 배출가스 후처리 시스템

CATALER

요소수가 아니라 연료를 사용해 고효율로 NOx를 환원하다

세계 최초의 NOx 정화용 촉매
「HC-SCR」

요소 없는 촉매 개발의 시작점은 상용차를 운전하는 운전자의
부담경감과 편리성 향상이었다. 최신 배출규제를 통과할 수 있는
열쇠는 오랫동안의 촉매개발을 통해 축적한 노하우이다.

본문&사진 : 세라 고타 사진 : MFi/캐탈라 수치 : 캐탈라/히노자동차

가솔린 엔진은 공기와 연료를 적절한 비율로 연소시키는데 반해, 디젤 엔진은 많은 공기 안에 소량의 연료를 분사해서 연소시킨다. 「그래서 가솔린 엔진보다 디젤이 유해물질 배출이 적다」고 캐탈라의 스지 마코토씨(제3제품개발부 부장)는 설명한다.

언뜻 생각하면 디젤이 깨끗하기는 하지만 배출가스 정화 측면에서 비교하면 상황은 달라진다. 가솔린 엔진은 배출가스 안에 포함된 산소 양이 적기 때문에 촉매로 유해물질을 쉽게 정화한다.

「반면에 디젤은 배출가스 안에 포함된 산소가 많기 때문에 물질을 연소하기는 좋지만, NOx를 환원한다는 측면에서는 상당히 어렵죠. NOx 처리에 있어서는 가솔린보다 디젤 촉매 시스템이 난이도가 높다고 할 수 있습니다.」

NOx 정화용 촉매 시스템 HC-SCR

HC-SCR

▶ **NOx를 환원하기 위해서 요소수를 사용하지 않는다**

촉매 시스템 전체 모습. 사진 속 아래의 왼쪽이 최상류로서, DOC(HC와 CO를 정화)와 DPF(PM를 포집) 허니콤이 들어가 있다. S자 파이프를 통해 배기는 안쪽으로 흐르고 안쪽 좌측의 HC-SCR(NOx를 정화)와 안쪽 우측의 R-DOC(HC를 정화)를 통해 테일 파이프를 향한다. 2016년 규제에 대응. NOx 상한은 0.4g/kWh로서, 1998년 장기규제 (5.8g/kWh)와 비교해 10분의 1 이하로 강화되었다.

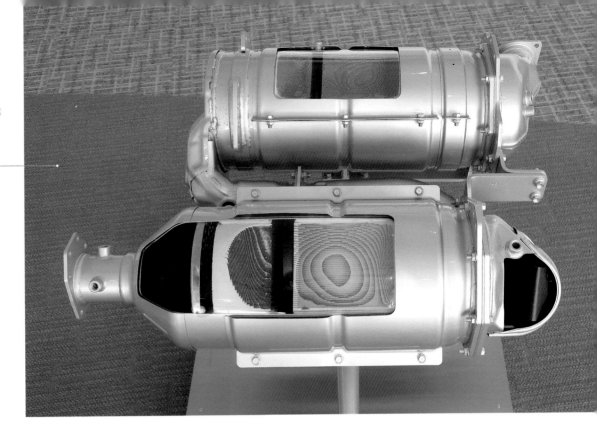

▼ **NOx 정화용 촉매 시스템**

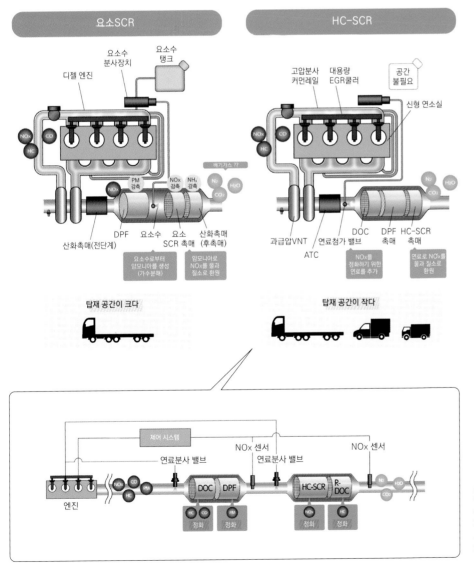

촉매 시스템의 변천은 NOx 규제 동향과 연관되어 있다. 1994년의 단기규제 때는 NOx가 7.8g/kWh로 규제되었으나 「디젤 연소의 장점을 살려서」 후처리 시스템 없이 규제를 통과할 수 있었다. 연소를 적절히 제어하면 촉매가 없어도 규제에 맞는 운전이 가능했기 때문이다. 하지만 규제가 강력해지면서 촉매의 도움이 필요해졌다.

「촉매에 따라 다르기는 하지만, 유로 번호로 따지면 유로3이나 4 때부터 산화촉매(DOC)를 사용하기 시작합니다. 디젤은 배출가스 안에 공기가 많이 들어 있어서 물질을 연소하는 산화촉매부터 사용하기 시작했죠.」

PM규제 강화에 맞춰서 검댕이를 정화하는 시스템, 즉 DPF를 추가하게 되었다. 연소를 적절히 제어하면 NOx를 어느 정도 잡을 수 있는 상황은 유로5 시대까지 이어졌다. 배출가스를 재순환하는 EGR을 도입하는 등, 연소 온도를 낮춰서 NOx 생성을 억제하는 연구도 도움이 되었다. DOC와 DPF의 조합이 표준이었던 시기가 있었다.

요소SCR은 요소수를 저장할 탱크가 필요하다. 요소수 보충이 필요해서 사용자에게 부담이 된다. 한편 HC-SCR은 HC를 환원제로 이용한다. HC는 연료(경유)에서 분해·생성되므로 전용 탱크가 필요 없어서 탑재 공간을 차지할 일이 없다. 또 보충할 필요도 없다. 최상류의 연료분사 밸브는 주로 DPF 재생을 위한 것이다. 2번째 연료분사 밸브가 HC-SCR용이다.

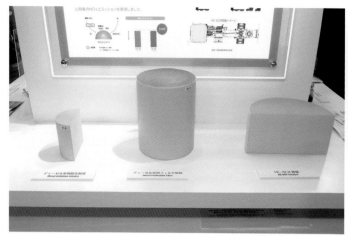

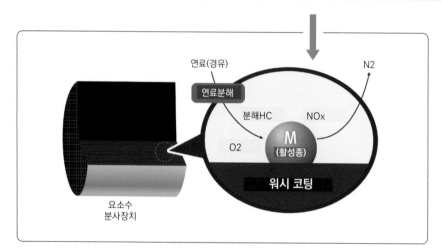

▶ 활성종이 연료를 분해해
NOx를 정화한다.

연료(경유)에서 HC를 분해·생성하는 동시에 생성한 HC와 NOx를 반응시켜 N_2로 환원하는 활성종을 찾아내는 일이 일단 넘어야 할 장벽이었다. 폭넓은 온도 영역에서 NOx와 HC의 선택성과 응답성을 향상시킴으로써 소량의 연료로 고효율의 NOx 정화성능을 달성했다. 워시 코팅은 도포 기술을 의미하는데, 담체 표면에 촉매 성분을 얇게 침투시킨 상태. 담지시킨 활성종을 워시 코팅하는 일도 새로운 기술을 필요로 했다.

기존품

개발품

활성 사이트의 **고분산화**

◀ 활성종을 균일하게 하지 않으면
성능이 나오지 않는다.

연료의 분해 생성과 NOx의 선택 환원에 적합한 활성종을 찾아내기만 해서는 충분하지 않고, 제대로 반응시키기 위한 기술이 필요하다. 그것이 균일화이다. 활성종을 균일하게 해서 적절하게 배치=담지하는 기술이 확립되어야 비로소 고효율의 정화성능을 얻을 수 있다.

　2014년에 유로6이 도입되자 NOx를 정화하기 위한 새로운 시스템이 필요해졌다.

　「산소가 많이 있는 상황에서 NOx를 정화하기 때문에 NOx를 정화하는 성분(첨가제)을 첨가하는 개념으로 바뀌게 된 것이죠. 첨가제를 어떻게 하느냐는 문제는 여러 가지 검토가 이루어졌습니다.

　상당히 예전부터 하이드로 카본(HC)으로 환원하는 방식과 암모니아로 환원하는 방식이 검토되어 왔습니다. 암모니아 환원은 공장 배기의 NOx 정화에 사용된 실적이 있었죠.」

　암모니아는 인체에 유해해서 위험하기 때문에 암모니아 발생원으로 요소를 사용하는 방법이 채택되었다. 현재 요소SCR로 NOx를 정화하는 시스템이 세계적인 흐름인 것은 이미 알려진 바와 같다. 여기까지가 전단계이다.

　요소SCR을 기능하게 하려면 환원제로 이용하는 요소수가 필요하고, 그 요소수를 넣어둘 요소수 탱크가 필요하다. 상용차 운전자에게는 이 요소수가 부담이 된다.

　「탱크에 요소수를 보충하는 행위가 사용자한테는 큰 부담이 되는 겁니다.」

　이것이 한 가지 특징. 또 한 가지는 요소수 탱크의 존재이다. 요소수 탱크는 짐받이 아래에 설치되는데, 트럭을 운전하면서 거점마다 물건을 싣거나 내리는 운전자한테는 차대 등의 도구를 탑재하는 중요한 공간이다. 그 공간을 요소수 탱크가 차지하는 것이 달가울 리가 없다. 바꿔 말하면 사용할 수 있는 공간이 있어야 하는 것이다.

　최종 사용자의 부담 경감이 요소수를 사용하지 않는 NOx정화용촉매개발의출발점이다. 캐탈라가 개발한 세계 최초의 디젤 차량용 촉매는 요소수에 밀려 주역이 되지 못했던 HC를 환원 제로 이용한다. 제품명은 HC-SCR이다. 2017년 4월에 모델을 변경한 히노자동차의

크레인 전용차 타입(예 : FE)

크레인 아우트리거를 탑재하기 쉽도록 요소탱크 위치를 전용으로 설계했다.

🔺 요소SCR 시스템은 요소수 탱크가 필요

대형 트럭의 캡~섀시를 위에서 바라본 모습. 사다리꼴형 프레임의 우측으로 촉매 시스템이 탑재되어 있다. 그 반대쪽에 연료 탱크가 위치.
일반적으로는 300~400ℓ급의 연료탱크에 인접해 30~50ℓ급 요소 탱크가 탑재된다. HC-SCR은 요소수 탱크가 필요 없다.

소형 트럭「듀트로」에 채택되었다.

NOx 정화 구조는 기본적으로 요소SCR의 환원제로서의 요소를 HC로 바꾼 것이다. 요소SCR의 경우는 배기관에 요소수(반복하게 되지만 NOx 환원에 필요한 것은 암모니아)를 분사하지만 HC-SCR은 연료를 분사한다.

요소가 필요 없기 때문에 전용 탱크도 필요 없고, 보충할 필요도 없다. 환원에 필요한 것은 HC이므로 연소가스의 열로 연료를 반응시켜 필요한 HC를 생성시키는 것이다. HC를 정밀도 높게 연료로부터 분해 생성하려면 연료 제어와의 협조가 필수적이다.

「NOx 정화시스템에 관해서는 우리가 최적이라고 할 수 없습니다. HC-SCR은 고객과 함께 만들어낸 시스템인 것이죠.」라는 다바타 도시하루씨(제3제품개발부 디젤개발실 실장)의 설명이다.

허니콤으로 불리는 담체에 촉매를 고정하는(담지하는) 구조인 것은 다른 촉매와 똑같다. 가솔린 엔진용 삼원촉매라면 백금, 로듐, 바나듐이 들어가 있어서 HC와 CO를 산화하고 NOx를 환원한다. HC-SCR 같은 경우는 편의상 활성종(活性種)이라 부르는 물질이 들어가 있어서 분사된 연료를 분해해 HC로 만드는 동시에, 그 HC를 NOx와 반응시켜

무해하게 바꾼다.

「정화할 뿐만 아니라 분해도 해야 한다. 그 양쪽을 할 수 있는 활성종을 찾아내야 하는 것이 촉매 제조사의 기술이겠죠. 그것을 발견하는 것이 일단 높은 장벽이었습니다.」다바타씨의 설명이다.

물질을 찾아냈다고 해서 끝난 것이 아니다. 담지 하나로 성능이 바뀌기 때문이다.

「활성종을 찾아내는 것이 기술 가운데 하나이고, 나아가 그것을 어떻게 균일하게 담지시키느냐가 우리의 기술입니다. 담지가 균일하지 않으면 성능이 나오질 않습니다. 허니콤에 균일하게 바르는 것도 우리의 기술입니다.」

대개 촉매 전체에 해당하는 것이겠지만, 같은 원소를 사용했다고 해서 같은 성능이 나오지는 않는다. 정화성능은 다양한 기술이 겹치면서 결정되기 때문이다.

「난관 돌파라고 표현하면 모든 것이 난관 돌파입니다」라는 스지씨. 「먼저 최적의 활성종을 찾아내야 하고, 그리고 그 활성종에 맞는 담지방법을 개발해야 하고, 나아가 활성종을 제대로 허니콤에 워시 코팅하는(도포하는) 기술을 새롭게 만들어야 하는 일련의 과정이 다 난관을 돌파하는 과정이었습니다. 활성종을 제대로 사용하기 위한 최적화가 필요하고 거기

까지 하지 않으면 정화 성능은 나오지 않는 겁니다.」

자동차 제조사와의 긴밀한 연대를 통해 소통을 반복하면서 최종적으로는 요소SCR과 동등한 NOx 배출량을 실현했다.

「요소가 필요 없는 시스템을 세계에서 첫 번째로 만들어 냈다는 사실은 매우 고무적이라고 생각합니다. 게다가 실제로 사용하는 운전자가 기꺼이 사용해 주시고 있으니까요.」

캐탈라에서는 점점 강화될 것으로 예상되는 향후의 규제에 대비해 HC-SCR 성능을 높이는데 주력하고 있다.

주식회사 캐탈라
제3제품개발부
부장

스지 마코토
Makoto TSUJI

주식회사 캐탈라
제3제품개발부
디젤개발실 실장

다바타 도시하루
Toshiharu TABATA

#02 연료분사 시스템

DENSO

디젤에 대전환을 불러올
인젝터 제어 기술
「i-ART」

최신세대 커먼레일 기술로 알려진 덴소의 i-ART.
정론이라고 할 수 있는 분사량의 피드백 보정을 가능하게 한 것은 기계와
전자 요소로 구성되어 일제화된 구조를 가진 센서가 내장된 인젝터의 실현이다.

본문&사진 : 다카하시 잇페이 사진 : MFi/덴소/마쯔다/볼보

투시도 안(※)의 착색부분이 압력 센서와 제어기판으로
이루어진 i-ART의 중추라 할 수 있는 부분이다. 여기서
포착한 압력파형은 간이적인 필터 처리를 거쳐 (차량탑재
네트워크선이 아니라) 전용선을 통해 ECU로 전송된다.
※위 사진과는 케플러 형상 등이 약간 다르다.

2015년 볼보의 D4 엔진(D4204T형)에 채택되면서 그 이름이 널리 알려진 덴소의 커먼레일 기술 「i-ART」. 이때 최대 분사압력 250MPa이라는 4세대 커먼레일 시스템과 조합된 형태로 등장했던 관계로 고압분사를 실현하는 기술과 혼동하는 일이 적지 않지만, i-ART는 인젝터에 피드백 제어를 이용함으로써 분사되는 연료 양을 높은 정확도로 제어하고 계속해서 유지하는 기술이다. 이 기술을 통해서 분사압력을 고압화할 수 있는 것은 아니다.

사실은 이 D4 엔진에 적용된 i-ART는 제4세대 커먼레일 시스템에 조합된 최초의 i-ART 기술이지, 정확하게는 i-ART로서는 가장 먼저 사용된 것은 아니다. i-ART를 처음 사용한 것은 2012년의 토요타 하이럭스. 브라질용 사양이기 때문에 그다지 잘 알려지지 않았지만 이 모델의 i-ART는 제3세대로서, 최대 분사압력은 200MPa이었다. 그리고 i-ART를 가장 최신에 채택한 마쯔다의 스카이액티브-D2.2도 최대 분사압력은 200MPa이다. 이처럼 i-ART는 분사압력과 관계없이 응용이

가능한 기술인 것이다.

그런데 앞서 언급한 「피드백 제어」라는 말에 의문을 갖는 독자도 있을 것이다. 애초에 현대 엔진의 전자제어에서는 피드백 제어가 필수이니까 당연한 것 아니냐는 의문이다. 실제로 디젤 엔진에는 흡입공기량을 측정하는 에어 플로 미터나 배출가스 속의 잔류 산소농도를 재는 A/F 센서 등을 통해 분사량의 피드백 제어를 하는 방법도 존재한다.

i-ART의 피드백 제어가 대상으로 하는 것은 인젝터에서 분사되는 연료의 양이다. 그런데

마쯔다 스카이액티브-D2.2

▶ 연소를 중시해
피에조 방식을 선택

i-ART의 최신 채택 사례가 CX-8이나 아텐자(2018년 모델)에 탑재된 스카이액티브-D2.2이다. 커먼레일 시스템은 G4P형으로 불리는 피에조 방식의 i-ART 인젝터를 비롯해, 기본적으로는 제4세대용 장치로 구성되지만 펌프만 제3세대 것을 사용해 최대 분사압력이 200MPa. 피에조 방식의 뛰어난 응답성과 최신세대 ECU의 처리속도를 최대한으로 살리는 형태로 다단분사를 많이 사용함으로써 연소상태를 대폭 개선했다.

제4세대 솔레노이드 방식

볼보 드라이브-E D4

▶ 최대 분사압력은 250MPa
제4세대 커먼레일 최초의 i-ART

i-ART 이름을 널리 알리게 된 계기가 볼보의 드라이브-E 파워트레인 시리즈의 디젤판에 해당하는 D4 엔진(D4204T형) 때문이다. 덴소는 ECU부터 펌프 그리고 G4S형으로 불리는 솔레노이드 방식 인젝터까지 커먼레일 시스템 전체를 손대고 있다. 분사압력 상승이 완만한 솔레노이드 방식은 NOx를 억제하는데 유리하게 작용하는 경향이 있다고 한다. 15.8이라는 압축비까지 고려한 선택이다.

볼보의 D4 엔진에서 이용하는 G4S형으로 불리는 인젝터를 예로 들자면, 이 단위의 양(이 숫자는 1사이클 당 총량이므로 측정해야 하는 양은 더 미세하다)을 유량계로 정확하게 측정하기가 매우 어렵다. 실험실 설비라면 가능할지 모르지만 사용할 수 있는 것은 어디까지나 차량에 탑재하는 용도의 센서밖에 없기 때문이다.

그래서 i-ART에서는 압력 변화를 유량으로 바꾸는 방법을 사용한다. 대상으로 삼는 현상을 직접 검출하기가 곤란할 때는 그 현상과 함께 발생하는 다른 현상으로 검출이 쉬운 것을 찾아서 사용한다. 이것은 센서 기술의 기본이라고도 할 수 있지만, 인젝터에서 분사되는 연료 양을 압력변화를 이용해 포착하기 위해서는 개별 인젝터 내의 압력을 검출할 필요가 있다.

커먼레일에 연료 압력을 축적한 다음 그것을 각 인젝터로 배분하는 구조이다. 모든 부분에

똑같이 압력이 걸리는 것처럼 생각되지만, 1사이클 동안 여러 번이나 분사하는 1/10만초 시간 단위의 커먼레일에서는 압력분포가 심하게 변동한다. 맥동이라고 부르는 현상이다.

최대 200MPa(즉 2000기압)을 넘는 초고압을 상대로 1/10만초 단위로 압력변화를 잡아낸다. 압력 센서는 압전효과에 의한 저항값이 직접적인 출력이 되지만, 이것을 전압으로 바꾼다면 1/100만 볼트라는 매우 미세한 단위의 검출이 필요하다. 앞에서 「검출이 용이한 것을 찾아서」라고 썼는데, 검출이 용이하게 한 수준이 이 정도인 것이다.

「정확한 분사량을 파악하면 여러 가지 사실을 알 수 있으므로 제어 레벨이 일거에 높아지죠.」(기쿠타니 엔지니어)

각 인젝터의 분사량을 1분사 때마다(1사이클마다가 아니다) 정확하게 포착한다는 것은 누구나 지향하는 정론이었지만, 동시에 지금

까지 실현하기 어려운 이상론에 가까운 것이기도 했다. 그것은 비교할 만한 기술이 아직 까지 나타나지 않았다는 사실로도 증명된다.

덧붙이자면 커먼레일용 인젝터에서는 제어 신호를 인가하는데 반해, 얼마만큼의 연료를 분사하는지 완성품 특성을 검사한 상태에서 그(특성을 나타내는) 값을 QR코드 등으로 인젝터 보디에 각인해 대응하는 보정계수를 ECU 제어 테이블에 입력하는 방법이 일반적이다.

완성품의 특성검사는 i-ART도 마찬가지이지만 그 특성은 인젝터가 내장된 제어기판의 메모리에 초기값으로 들어간다. 엔진에 장착해 ECU와 접속하면 그 특성값을 ECU에 통신으로 전송한 뒤 보정계수로서 제어에 이용한다. 더구나 인젝터 메모리에 들어가는 특성값은 상시적으로 감시되는 분사유량에 편차가 생기면 갱신된다. 노화도 물론 갱신(보정) 대상으로서, 이렇게 부품수명에 걸쳐 정확한 분사를

가혹한 환경 속에 노출되는 인젝터에서 실현한 기계와 전자요소로 구성되어 일제화된 구조

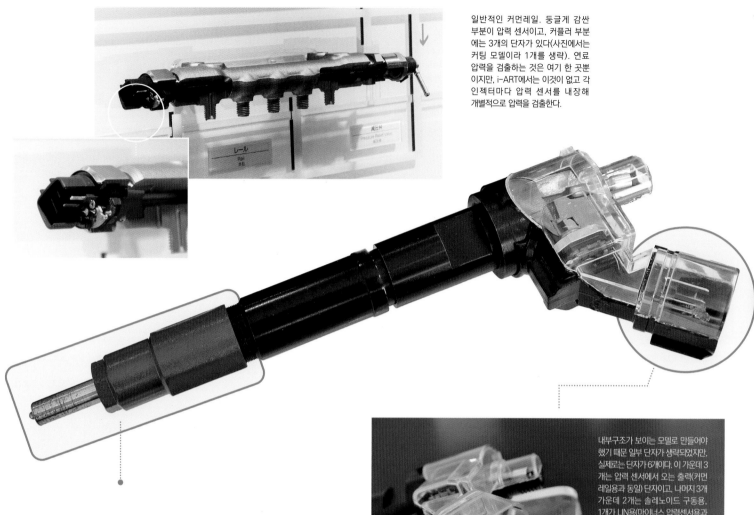

일반적인 커먼레일. 둥글게 감싼 부분이 압력 센서이고, 커플러 부분에는 3개의 단자가 있다(사진에서는 커팅 모델이라 1개를 생략). 연료 압력을 검출하는 것은 여기 한 곳뿐이지만, i-ART에서는 이것이 없고 각 인젝터마다 압력 센서를 내장해 개별적으로 압력을 검출한다.

내부구조가 보이는 모델로 만들어야 했기 때문에 일부 단자가 생략되었지만, 실제로는 단자가 6개이다. 이 가운데 3개는 압력 센서에서 오는 출력(커먼레일용과 동일) 단자이고, 나머지 3개 가운데 2개는 솔레노이드 구동용, 1개가 LIN용(마이너스 압력센서용과 공용) 단자이다.

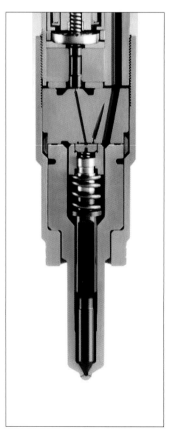

사진은 솔레노이드를 이용해 제어하는 G4S. 솔레노이드는 사진 좌측 위쪽에 위치. 연료를 직접 제어하는 니들 밸브(사진 아래쪽)는 연료 압력을 이용해 밀폐함으로써 고압의 연료를 억제시킨다. 솔레노이드를 구동하는 릴리프 밸브가 제어압력이 없으면 니들 밸브가 열리는 구조이다.

계속해서 유지할 수 있게 된 것이다.

「이를 통해 연료 조절을 공격적으로 할 수 있는 부분이 증가하면서 지금까지 적용하지 못 했던 분사 패턴도 가능해졌습니다.」(기쿠타니 엔지니어)

일반적인 커먼레일에서는 앞서 소개했듯이 완성 시 검사에 기초한 보정값을 이용함으로써 연료제어 정확도를 확보하기는 하지만 노화에 따른 변화를 피하기는 어렵다. 앞서와 같이 흡입공기량과 잔류 산소를 비교하거나 밸브 움직임을 관측하는 보정방법도 있지만, 직접 분사량에 가까운 형태로 검사하는 i-ART와

비교하면 "공격력"이 한정적이라고 할 수 밖에 없다. 때문에 변화를 넘어서는 마진을 필수적으로 확보해야 한다.

그리고 분사 패턴의 제약으로 작용하는 요소가 분사 직후에 연료 통로에서 일어나는 맥동이다. 일반적으로는 이 맥동이 확실하게 가라앉도록 분사 간격을 설정한다. 여기서도 역시나 마진이 필요한데, 항상 맥동 상태를 감시하는 i-ART는 이때도 한도까지 "공격"할 수 있다. 27/10000초 사이에 지금까지 3번 분사했던 것이 5번까지 가능해진 스카이액티브-D2.2가 바로 여기에 해당한다.

🔺 볼보 드라이브-E D4 엔진의 i-ART 시스템

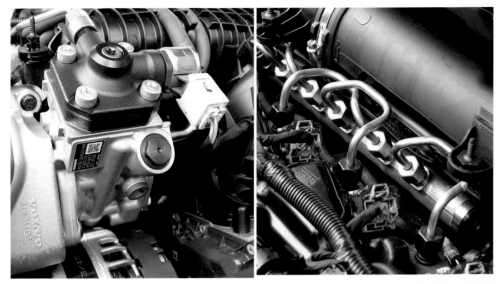

우측의 사진 중앙 부근을 비스듬하게 가로지르는 원통형 파이프가 커먼레일. 그 바로 앞에 나란히 위치한 커플러들이 앞 페이지에서 봤던 G4S형 솔레노이드 방식 인젝터와 연결되는 것들이다. 그리고 왼쪽 사진은 이 커먼레일에 최대 250MPa이나 되는 고압의 연료를 공급하는 HP5S형 서플라이 파이프. 펌프는 벨트로 구동되고, 펌프 왼쪽에 보이는 케이스 안에 플리와 벨트가 들어 있다.

🔻 연료분사 상태를 인젝터에서 직접 검출

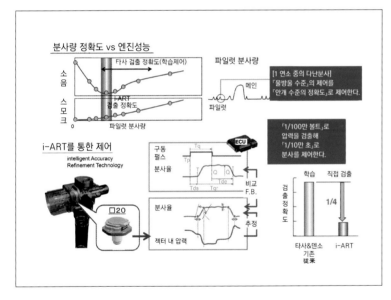

i ART에서는 구동신호를 인젝터에 인가한 결과, 연료 분사가 기대대로 작동하는지를 인젝터 안에 내장한 압력 센서를 이용해 항상 확인(감시)한다. 거기에 오차가 생기면 즉각 보정한다. 에어 플로 미터나 잔류 산소 센서 등과 같은 정보를 통해 학습 제어를 이용하면서 분사량을 보정하는 방법과 비교하여 훨씬 높은 정확도로 제어가 가능하다.

🔻 여러 분야에 걸친 기술의 융합이 i-ART를 만들어냈다.

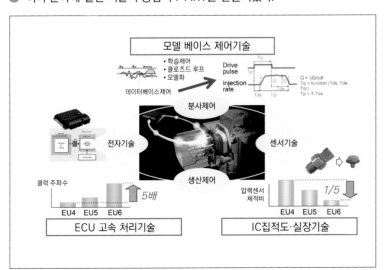

i-ART 실현에 있어서 중요한 열쇠 가운데 하나가 인젝터로서의 기본 기능을 담당하는 기계기술과 거기에 내장되는 전자부품 기술이 융합이었다. 전자기술도 회로 설계부터 제어기술(소프트웨어), 센서를 만드는 반도체 기술 그리고 그것들을 양산하는 생산기술 등 여러 분야에 걸쳐 있다. 이런 모든 것들이 손안에 갖고 있는, 덴소 이기 때문에 가능한 기술이다.

인젝터 내 연료압력을 직접 실시간으로 감시하고 개별 인젝터마다 노화에 따른 특성값(보정값)까지 갱신하는 기능이 가능한 것은 인젝터라는 "기계" 안에 전자기판을 내장하는 "기계와 전자요소로 구성되어 일제화된" 구조 때문이다.

그러나 엔진 내부와도 가까운 환경 속에서 메모리 회로, 필터 회로 등을 포함한 압력 센서의 드라이버 회로, 심지어는 LIN 통신용 인터페이스까지 실장하는 전자기판을 갖추는 일은 일단 이 부분부터 규격 외이다. "전자 제조사"에게 주문한다면 반드시 「못 한다」고 할 것이다. 이런 기술 분야 사이의 벽을 넘을 수 있었던 배경에는 기계에서 반도체까지 모든 분야를 손안에 들고 있는 덴소이기에 가능했던 환경이 있다.

「지향했던 것은 (디젤 제어의) 대전환이라고 할까요, 패러다임 시프트였습니다. 커넥티드 기술도 애초부터 계획에 있었구요」(기쿠타니 엔지니어)

연료 분사량을 정확히 알 수 있는 i-ART 기술을 이용하면, 항상 부정확한 지연을 동반하는 형태로 밖에 파악할 수 없었던 흡기나 배출 가스 속의 산소량 등과 같은 정보를 보완할 수 있어서 더 정확하게 엔진 상황을 파악할 수 있게 된다.

커넥티드 기술을 통해 이런 데이터를 모아 빅 데이터로서 분석하면 고장에 대한 예방적 감지까지 이어질 가능성이 있다. 그것은 말하자면 엔진의 IoT화로서, 디젤을 빼고 성립하기 어려운 상용차 등과 같이 중대형 차량의 가동정지 시간을 최소한으로 억제하는 획기적인 기술이 될 것이다.

주식회사 덴소
엔진시스템기술부
부부장
———
기쿠타니 다카시
Takashi KIKUTANI

[Evolution Theory of Diesel Engine]

자동차 제조사의 동향

배출가스 성능뿐만 아니다. 파워트레인으로서의 상품력까지 어필

일본시장용 승용차에 디젤 엔진을 설정하는 일본 제조사는 현시점에서 마쯔다와 토요타 2곳뿐이다.
기이하게도 이 2회사는 서로 주식을 보유하고 있는 친밀한 관계에 있다.
마쯔다와 토요타의 디젤 엔진의 「현재」를 들여다 보겠다.

2014 SKYACTIV-D 1.5

배기량 300cc 증가
출력·토크는 그대로

**이것이
라이트 사이징**

2018 SKYACTIV-D 1.8

SPECIFICATION

▶ 2014 SKYACTIV-D 1.5	▶ 2018 SKYACTIV-D 1.8
엔진형식 : S5-DPTS	엔진형식 : S8-DPTS
총배기량 : 1498cc	총배기량 : 1756cc
스트로크×보어 : 82.6×76.0mm	스트로크×보어 : 89.6×79.0mm
스트로크/보이비율 : 1.087	스트로크/보이비율 : 1.134
압축비 : 14.8	압축비 : 14.8
최고출력 : 77kW(105ps)/4000rpm	최고출력 : 85kW(116ps)/4000rpm
최대토크 : 220~270Nm(22.4~27.5kgf·m)/ 1400~3200rpm	최대토크 : 270Nm(27.5kgf·m)/ 1600~2600rpm

Illustration Feature
the future of DIESEL ENGINE | **DETAIL 2** | 자동차 제조사의 동향

1 ▶ **마쯔다** 스카이액티브-D

스카이액티브-D의 변화

「배기량」「압축비」 높인 이유

2012년에 시판된 마쯔다의 스카이액티브 디젤 엔진은 항상 개량을 거듭하면서 연비·배출가스·동력성능을 높여 왔다.
그리고 결국 배기량과 압축비 인상을 단행했다.

본문&사진 : 마키노 시게오 사진 : 마쯔다

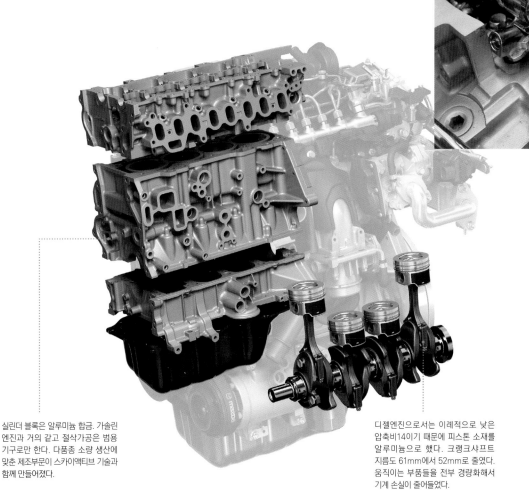

배기측 캠 샤프트에는 캠 산을 두 개로 만들어 냉간시동 성능을 배려했다. 유럽에는 습도 100%, 기온 0℃를 나타내는 지역도 있어서 압축비 14에서 착화하지 않을 우려가 있기 때문이다.

실린더 블록은 알루미늄 합금. 가솔린 엔진과 거의 같고 절삭가공은 범용 기구로만 한다. 다품종 소량 생산에 맞춘 제조부문이 스카이액티브 기술과 함께 만들어졌다.

디젤엔진으로서는 이례적으로 낮은 압축비14이기 때문에 피스톤 소재를 알루미늄으로 했다. 크랭크샤프트 지름도 61mm에서 52mm로 줄였다. 움직이는 부품들을 전부 경량화해서 기계 손실이 줄어들었다.

스카이액티브-D 2.2의 터보차저는 대소형 2개를 사용. 최신 2.2D에서는 큰 터보를 가변 베인 방식의 VG(Variable Geometry) 터보로 바꾸었다. 응답성과 배출가스 성능을 위한 트윈 터보이다.

2010년 가을에 마쯔다가 차세대 기술을 일제히 선보였을 때, 가솔린 엔진과 디젤 엔진의 압축비는 똑같이 「14」였다. 이에 전 세계가 놀랐다. 「엔진은 이제 낡았다. 앞으로는 전기」라는 세상의 인식과 정면에서 마주하는 직구 승부의 엔진 정상화 선언이었던 것이다. 스카이액티브 디젤 엔진(SKYACTIV-D)의 콘셉트는 명쾌했다. 기술적으로 까다로운 부분을 생략하고 표현하자면, 「기분 좋게 고속회전까지 돌아가는 디젤 엔진을 만들고 싶다」「동시에 디젤의 장점인 뛰어난 연비성능을 철저히 추구한다」「디젤 엔진의 약점인 배출가스 성능을 최대한 끌어올린다」, 이 3가지로 요약된다.

그러기 위해서는 무엇을 해야 할까. 먼저 무거운 피스톤과 무거운 커넥팅 로드로는 안 되기 때문에 최대한 가볍고 슬림하게 만든다. 연소압력을 낮춰 애초의 기계적 압축비를 낮추면 슬림한 피스톤으로도 괜찮다. 연소압력을 올리지 않으면 연소온도도 올라가지 않으므로 NOx(질소산화물)를 줄이는 일거양득으로 이어진다. 실린더 블록도 알루미늄 합금으로 만들 수 있다. 피스톤 등과 같이 움직이는 부품을 가볍게 하면 기계마찰을 낮출 수 있다. 이것이 연비향상으로 이어진다.

모든 회전영역에서 응답성이 좋은 디젤 엔진으로 만들어야 하므로 스카이액티브-D 2.2에 터보차저는 2개를 사용한다. 작은 터보는 경부하용이고, 점점 공기를 많이 넣어야 하는 고속회전 부하용으로는 큰 터보를 사용한다. 압축비를 낮춰도 저온시동성이 악화되지 않도록 배기쪽을 2단 캠으로 한다. 엔진 비용이 상승하지 않도록 배출가스 대책은 연소 자체로 끝낸다. 터보 2개를 사용해도 배출가스 후처리 장치는 산화촉매와 DPF(Diesel Particulate Filter)만으로 끝낸다.

⬇ 피스톤과 연소실의 변화

우측 사진은 초대 스카이액티브-D 2.2와 그때까지의 마쯔다 디젤엔진의 피스톤을 비교한 사진. 손으로 들어보면 무게 20% 감축을 실감할 수 있다. 무게의 2제곱, 3제곱이나 되는 마찰손실 등을 줄이는데 효과가 크다. 동시에 피스톤 안쪽 면 형상은 가솔린 엔진과 똑같다. 진원 형태로 길게 만들어지는 스커트라고 하는 디젤엔진 피스톤의 개념이 무너졌다. 나아가 신세대 스카이액티브-D는 알루미늄의 변형방지와 형상변경이 반영되었다.

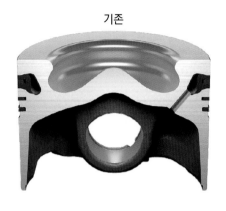

기존

선형

좌측이 구형 2.2 피스톤, 우측이 신형 2.2 피스톤. 헤드면의 링 형상 스퀴시 영역을 2단으로 만든 점, 동심원 모양 홈의 형상 변경, 냉각을 위한 오일 통로 변경, 그리고 약간 보기 어렵지만 오일 링의 홈도 바뀌었다. 이전의 스퀴시 같은 경우는 피스톤이 팽창행정에 들어갔을 때 연소실 내의 기류가 실린더 벽면 방향으로 바뀌면서 냉각손실을 불러왔다. 이것을 막기 위해서 2단으로 만든 것이다.

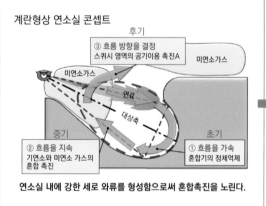

디젤 엔진은 연료를 분사한 끝에서 착화한다. 가능하면 공기와 더 잘 섞인 상태에서 착화하는 것이 좋다. 그러기 위해서 공기와 더 쉽게 섞이는 연료분무 형상을 연구하는 동시에 인젝터 주변의 「아직 사용하지 않은 산소」를 적극적으로 사용하는 연구를 거듭했다. 그 결과 새 스카이액티브-D는 2단 스퀴시에 최적화된 계란 형상(Egg Shape)으로 개량했다.

계란형상 연소실 콘셉트

후기

③ 흐름 방향을 결정
스퀴시 영역의 공기이용 촉진A

미연소가스

미연소가스

연료

대상축

중기

② 흐름을 지속
기연소와 미연소 가스의 혼합 촉진

초기

① 흐름을 가속
혼합기의 정체억제

연소실 내에 강한 세로 와류를 형성함으로써 혼합촉진을 노린다.

■ 홈 형상 비교

— 단차를 준 계란형상 피스톤(적색선)
--- 기존 스카이액티브-D 2.2용(흑색 파선)

혼합기

피스톤

열이 달아나지 않도록 혼합기와 피스톤 사이에 공기 단열층을 확보

스카이액티브-D 2.2는 2010년 전후의 설계시점에서 최신 장치와 노하우를 투입해 마쯔다가 하고 싶었던 것을 거의 실현해 냈다. 조금 늦게 등장한 스카이액티브-D 1.5는 똑같은 목표를 소배기량에서 달성하기 위한 아이디어를 담았다. 그러나 그로부터 약 8년이 지나자 사정이 조금씩 바뀐다. 새로운 노하우도 터득했다. 그 결과가 압축비와 배기량을 높이는 것으로 선택한 것이다.

왜 배기량을 늘렸을까. 신작 스카이액티브-D 1.8의 실린더 블록을 유용해서는, 이것을 탑재하는 차량 쪽 보디골격 설계에 영향을 끼치지 않도록 스트로크를 늘리고 보어 지름도 넓히는 방법을 채택했기 때문이다. 통상 공통 블록으로 배기량을 확대하는 경우는 스트로크만 늘리는 방법이 일반적이지만, 마쯔다는 「배기량을 최대한 늘리기 위해서 보어도 넓혔다」고 한다. 이렇게 하면 처음부터 연소를 다시

분석해야 해야 한다고 생각했으나, 마쯔다에서는 기본이라 할 수 있는 연소실 형상의 분석 데이터를 축적해 놓았기 때문에 「처음부터 시작하는 것은 아니다」는 것이다.

흥미로운 것은 배기량은 300cc 늘려도 최대토크는 1.5와 똑같다는 점이다. 반대로 BMEP(정미평균 유효압력)는 내려간다. 배기량 확대는 연비와 배출가스 때문이다(물론 주행에도 유효). 일반적으로는 NOx가 급증하는 고부하 영역을 사용하지 않는다.

거기는 연소가 끝나고 활성화되지 않은 배출가스를 한 번 더 연소실에 투입하는 EGR(배기가스 재순환)을 사용할 수 없는 영역이다. 1.5의 최대토크는 270Nm. 1.8같으면 같은 토크를 여유를 갖고 얻을 수 있어서 270Nm을 발휘해도 더 많은 EGR을 사용할 수 있다. 이것으로 NOx를 줄이는 것이다.

▶ 연소는 어떻게 바뀌었나

세로축에 연료 농도, 가로축에 연소온도를 놓은 -T(파이 티) 맵은 디젤 엔진의 연소 콘셉트를 나타낸다. 우측 PCI (압축예혼합=의미는 PCCI와 동일) 연소 그래프에서 가장 색이 짙은 연지색 부분이 soot(검댕이)나 NOx가 나오지 않는 연소영역으로서, 이것을 사용하는 것이 디젤 엔진의 지상목표 가운데 하나이다. 왼쪽은 새 스카이액티브-D가 사용하는 연소 영역. 연료가 농후하기(산소부족) 때문에 검댕이가 발생하는 영역을 엷은 영역 방향으로 할당하고 있다. 다만 고부하 영역에서는 NOx가 발생하는 영역을 사용하게 된다.

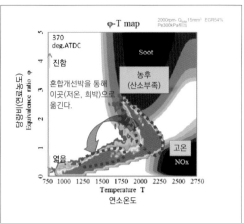

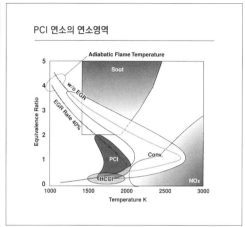

PCI 연소의 연소영역

▶ 스카이액티브-D 2.2 New

스카이액티브-D 2.2 신구 모델의 외관상 차이는 거의 없어 보이지만 속은 완전히 다르다. 같은 엔진 형식명이라는 사실에 오히려 의문이 들 정도로 바뀐 것이다. 무엇보다 이것도 과도기에 지나지 않고, 마쯔다는 차세대「오버 2.2」를 이미 구상하고 있는 것 같다.

위 사진은 분사구멍이 10개인 인젝터에서 연료가 분무되는 모습이다. 피스톤 상사점 부근에서 거의 모든 양의 연료를 분사한다. 이런 작동은 피에조 인젝터의 개방특성에 의해서 가능해졌다. 다만 2000bar의 고압으로 분사해도 중심부분은 연료가 농후하고(Rich), 주변부는 공기와 섞여서 희박한 (Lean) 상태를 보이는 것은 변함이 없다. 그래서 분무자체가 공기와 잘 섞여서 농후한 부분이 안 생기도록 최대한 개선했다. 덴소 인젝터의 역할이 크다.

연료분포

농후(산소부족)

희박

당연히 공기가 많이 들어가므로 1.5와 똑같은 회전수에서 같은 부하를 쓰는 운전이라면 더 희박하게 연소시킬 수 있을 뿐만 아니라, 엔진 회전을 올리지 않아도 되기 때문에 마찰손실이 줄어든다. 이것은 실용 연비에 효과가 있다. 유럽에 도입된 RDE(Real Driving Emission) 같이 실제 도로를 다양한 속도로 달리는 사용 형태에서도 이 배기량의 여유를 살릴 수 있다. 이것이 라이트 사이징(배기량 적정화)로서, 엔진 배기량을 토크와 파워를 위해서만 늘리는 것이 아니라, 배출가스에 무리가 없는 저연비 운전을 실현하는 새로운 개념인 것이다.

「스카이액티브-2.2를 구상했던 시점에서는 모든 성능의 균형이 14로 맞춰졌었죠. 그러나 더 성능이 뛰어난 연료분사 장치를 사용하게 되면서 연료와 공기가 잘 섞이는 상태를 얻을 수 있다면 이 균형점을 조금 더 압축비를 올리는 쪽으로 힘써 왔습니다. 그래서 14.4로 했던 겁니다」

이것이 마쯔다의 대답이다. 나아가 사견이라면서 이런 말도 했다. 「열효율만 생각한다면 압축비 14.0이 결코 최적의 해법은 아닙니다. 이론상으로는 압축비가 높아지면 높아질수록 열효율은 좋아지죠. 한편으로 압축비를 너무 높이면 연소온도가 지나치게 높아져 냉각손실이 증가합니다. 이런 요소들의 균형점이 어디에 있냐면 14.0이 아니라도 더 위에 있을 것이다. 그런 방향으로 혼합기 생성방법과 화염의 흐름을 제어 또는 EGR을 통해 NOx를 낮추는 등의 기술을 조합함으로써 향후에는 15.0 전후로 최적의 균형을 잡게 되리라 생각합니다.」 그리고 차열을 사용하는 이상 연소로 나아간다.

스카이액티브-D의 콘셉트는 슬림한 피스톤이나 블록을 사용해 움직이는 부품을 가볍게 함으로써 연소압력을 낮추고 기계손실 및 열손실을 낮추는 것이다. 그렇게 연비가 좋아서 기분 좋은 디젤 엔진을

만드는 것이었다. 이 콘셉트는 현재도 그대로 살아 있다. 연소압력을 너무 높이면 슬림한 피스톤을 사용하기 힘들기 때문에 연소를 제어해 압력이 급격하게 치솟지 않는 연소로 한다. 그 균형점이 압축비 15.0 부근일 것이다. 그렇다면, 가령 3000bar의 연소분사 압력을 사용할 수 있다면 최적의 균형점도 움직이게 될까?

「2010년 무렵은 연료분사 압력이 높으면 높을수록 도움이 된다고 생각했지만, 현재는 여러 가지 사실을 알게 되었죠. 연료 인젝터에 있어서 중요한 스펙은 분사압력뿐이 아니라는 겁니다. 애초에 고압으로 연료를 분사하는 이유는 연료 입자의 지름을 작게 해 공기에 닿는 면적을 늘림으로써 공기와 연료가 잘 섞이도록 하는 것이죠.

디젤은 공기와 연료를 미리 혼합해 투입하면 넣는 순간부터 연소하기 시작합니다. 따라서 연료분무는 주위의 공기를 휘감기 쉬운 형상

● 배기량 확대로 EGR이 바뀌었다

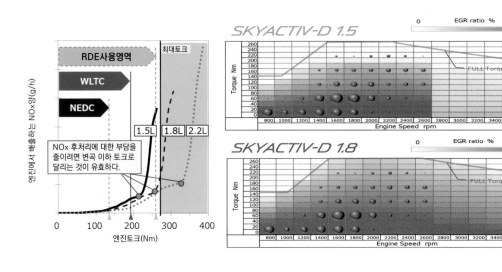

1.5의 배기량을 높여서 1.8로 한 배경은 RDE에 대응하는 의미가 크다. 배기량의 여유를 살려 엔진 회전을 억제하면서 높은 토크영역에서도 EGR을 투입해 NOx 발생을 억제한다. 1.5는 1600rpm 이상에서 발생하는 토크 200Nm를 넘으면 EGR을 사용하지 못했지만, 1.8은 최대토크라도 10% 이하일 때는 EGR을 투입할 수 있다. 분할 펌프 시대에는 「EGR을 넣으면 완만한 연소를 보이면서 타고 남은 것도 나오기 때문에 토크 상승을 기대할 수 없다」고 알려져 있지만, 현재의 초고압 분사라면 EGR을 사용해도 연소속도가 떨어지지 않게 개량할 수 있다.

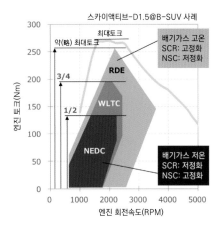

RDE에서 사용하는 영역이 넓은 편이어서, 모든 영역에서 EGR을 사용하는 의미가 크다. 그 대신에 고음의 배기가스를 처리하는 SCR(선택환원 촉매) 채택을 피할 수 없게 된다. 마쯔다도 19년 모델 2.2D에 SCR을 도입하고 있다.

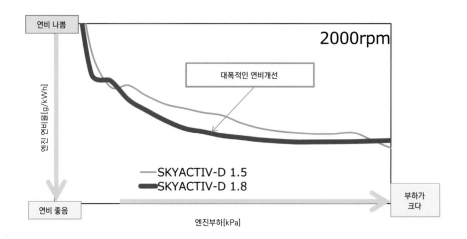

배기량 300cc 증가로 인해 경부하부터 고부하까지 거의 모든 영역에서 연비가 향상되었다. 이 그래프는 2000rpm일 때. 배기량이 향상된 양을 배출가스와 연비에 사용한다는 발상이 라이트 사이징으로, 이것은 RDE로 대표되는 도로 연비시험 시대의 것이다. 일본에서는 2020년부터 형식지정 후에 참고값으로 도로상 시험을 도입할 예정이다.

● 인젝터의 진보

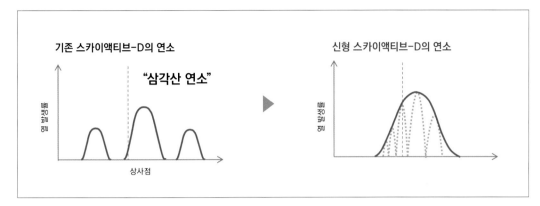

기존 스카이액티브-D의 연소

"삼각산 연소"

상사점

신형 스카이액티브-D의 연소

연료 인젝터 성능이 G4P에서 향상되어 솔레노이드의 개폐 동작이 빨라짐으로써 기존에는 「삼각산」형태로 연소했던 것을 하나로 줄이는 동시에, 그 안에서 프리·메인·사후 분사의 다단 분사를 할 수 있게 되었다. 메인 분사를 하는 가장 높은 산일 때가 피스톤 TDC로서, 크랭크각 ±5도 사이에 모든 연료분사가 끝난다. 연소 온도를 억제한 급속 연소이다.

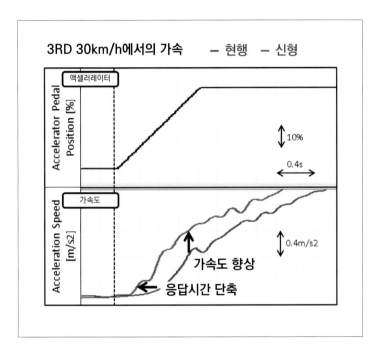

3RD 30km/h에서의 가속   ― 현행 ― 신형

액셀러레이터

10%

0.4s

가속도

0.4m/s2

가속도 향상

응답시간 단축

● 그리고 스카이액티브-X

마쯔다는 디젤 엔진 개발과는 별도로 상시 플러그 점화 방식의 압축 예혼합 연소라고 해야 할 가솔린 엔진용 SPCCI방식을 개발하고 있다. 최대 =3(이론공연비의 3분의 1) 부근까지 연료를 희박하게 해서 연소시키는 신세대 직접분사 린번 엔진이다. 마쯔다는 이것이 완성된다 하더라도 디젤 엔진에서 손을 떼지 않는다. 디젤 엔진의 기본인 뛰어난 열효율 성능을 살려서 지역별 연료 상황에 대응하기 위해서이다.

● 응답성 향상

운전자의 가속명령은 유일하게 액셀러레이터 페달에서만 받아들인다. 따라서 먼저 페달의 감촉이 중요. 동시에 숙련된 운전자가 페달 스트로크 전체를 사용해 섬세하게 조작할 수 있도록 유효 스트로크를 크게 설정한다. 그리고 페달을 밟고 떼는 가감에 맞춰서 먼저 초기응답을 운전자에게 보낸 다음 운전자가 가속 「확대」를 느끼도록 세팅하고 있다.

이 글은 스카이액티브의 기술발표 이후, 설계 변경이 있을 때마다 마쯔다의 여러 기술자와 한 열 몇 번의 취재와 엔진 부문을 총괄하는 히토미 미츠오씨와의 몇 차례 인터뷰를 바탕으로 필자가 재구성한 것이다. 강조하고 싶은 것은 스카이액티브 기술을 도입할 때 그린 로드맵을 착실하게 지켜가면서 꾸준하게 연구개발을 쌓아왔다는 점이다. 새로운 성과는 바로 개발에 반영된다. 말 그대로 「지속하는 것이 힘」이라는 사실을 느낄 수 있었다.

으로 해야 하는 동시에 연료 알갱이 하나하나가 갖고 있는 운동 에너지를 지나치게 낮추지 않도록 해야 합니다. 연료 입자가 작아지면 갖고 있는 운동 에너지도 작아지죠. 공기와 섞여야 하는데 비거리가 나오지 않는 딜레마가 여기서 생깁니다. 고분사압력을 유효하게 사용하려면 이런 것도 동시에 생각할 필요가 있는 겁니다」

한 가지 중요한 것은 더 연소실 전체적으로 보는 것이다. 가령 인젝터의 연료 분사구멍은 몇 개가 좋을까. 마쯔다는 10개를 사용한다. 10개로 분무·연소하는 패턴을 보면, 피스톤의 「패인」쪽(즉

연소실의 외주부분)에서는 착화되지만 그 앞쪽에서는 옆의 분무와 간섭하지 않는다. 고압 분무에는 가로 쪽에서 공기를 휘감는 성질이 있어서 이웃한 분무와 너무 가까우면 아직 착화되면 안 되는 시점에서 불이 붙는 리스크가 따른다.

마쯔다는 「10을 넘는 분사구멍 수는 생각하지 않는다」고 한다. 무엇보다 분사구멍 수는 가공기술이나 인젝터 노즐 전단(前端)의 강도에도 좌우된다. 이번 스카이액티브-D 2.2 개량에서는 1.5에서 도입한 「단차 계란형상」 피스톤을 사용했다. 리엔트런트(Reentrant) 형으로 불리는, 피스톤 헤드면 중앙이 정점을 이루는 동심원 형상의 산이 형성되어 있고 바깥쪽은 솟아오른 형상은, 이 공간에 연료를 분무하기 위해서이다.

그리고 그 형상이 개발된 당시부터 피스톤 헤드면에는 스퀴시(Squish) 영역이 설치되어 있었다. 피스톤이 상사점(TDC)에 도달하기 직전에 실린더 외벽에 붙어 있는 공기를 연소실 중앙으로 밀어내기 위해서이다. 「예전에는 스퀴시를 통한 공기의 유동을 잘 활용해 연료와 공기를 섞는 것이 큰일이었죠」라고 한다.

그러나 마쯔다의 분석에 따르면 「스퀴시 영역을 넓게 하면 팽창 행적에서 역 스퀴시 흐름에 의해 기 연소가스가 실린더 주변방향으로 당겨져 그 뜨거운 가스가 히트 로스(열전달 손실)를 일으킵니다. 스퀴시 영역을 2단으로 하면 역 스퀴시 흐름이 억제되어 히트 로스를 줄일 수 있죠」라는 결과가 나왔다. 또 마쯔다는 연료분무로 발생한 화염을 실린더 중앙으로 방향을 바꿔서 인젝터 바로 아래의 「미사용 공기」를 다 사용하도록 하고 있다. 그래서 피스톤 헤드면의 「에그 형상」을 중시한다.

또 한 가지, 스카이액티브-D의 중요한 개량이 있다. 그것은 덴소의 제4세대 피에조 인젝터인 i-ART GP4를 채택한 것이다. 지금 디젤 설계자 사이에서는 「높은 연료분사 압력보다 정확한 분무가 되었으면 좋겠다」고 말한다.

「많이 거론된 부츠형 분사 패턴은 파일럿 분사와 메인 분사를 묶어서 한 가지 분사로 할 수 있다는 이미지이지만, 좀 더 따지고 들어가면 사실 연소음을 줄이기에는 충분할 겁니다. 그러나 배출가스와 출력에 얼마만큼 기여할 지는 아직 확실한 노하우가 없습니다. 마쯔다는 파일럿·메인·사후분사라고 하는 『3개의 산』형상으로 연소했었는데, 이번 개량을 통해 이것을 『1개의 산』으로 줄일 수 있었습니다.」

이것이 무엇을 의미하냐면, 모든 연료분사를 거의 TDC에서 할 수 있다는 것이다. 『1개의 산』 안에 파일럿·메인·사후분사를 내포해 연소시간을 짧게 한다. 그러기 위해서는 정확하게 분사하는 인젝터가 필요하다.

「다단으로 뿌리는 인젝터는 사실 상당히 힘든 기능을 하는 겁니다. 연료를 1회 분사하면 커먼레일의 안과 인젝터 안의 압력이 떨어집니다. 또는 분사로 인해 맥동이 일어나 인젝터 안에서 압력파가 왕복하기 시작하죠. 그 압력파가 다음에 분사할 때 분사량을 크게 좌우하게 됩니다. 그 영향을 최대한 억제하는 것이 i-ART인 것이죠」

디젤 엔진의 다단 연료분사는 파일럿 연소 때 불씨(파일럿 착화)를 확실하게 만들어 메인 분사 때의 착화지연을 없앰으로써 남은 공기를 노리고 또 다시 분사하는, 각각의 분사에 역할이 있다. 저압축비 디젤 엔진을 성립시키려면 파일럿 분사를 정확하게 해서 불씨를 만듦으로써 어떤 조건에서도 메인 분사를 실화시키지 않는 상태로 만드는 것이 필수이다. G4P 인젝터는 팍팍~하고 연료를 뿌린다.

1단별 분사가 방형파처럼 신속히 솟구쳤다고 다 뿌리면 바로 닫힌다. 지체될 틈이 없이 다음 분사도 정확하게 하는 성능을 갖고 있다고 한다.

배출가스와 출력·연비의 균형을 잡은 차량마다 배기량을 최적화. 이것이 스카이액티브-D의 중간 대답이다. 이 이외도 정상 속도에서 가속으로 들어가는 시점에서 EGR 제어의 개량을 통한 운전편리성 향상이나 연소음 감축 등이 들어가 있다. 마쯔다의 여러 엔지니어는 「아직 더 진화할 수 있다고 봅니다. 근 몇 년 동안 새로운 노하우도 많이 쌓았고요. 2020년대에는 시판 디젤 엔진에서 열효율 50%에 이를 겁니다. 그것도 핀 포인트가 아니라 넓은 운전영역에서 말이죠」라고 말한다. 그런 스카이액티브-D가 기다려진다.

「예를 들면 연료 분무의 진화에는 아직도 여유가 있습니다. 디젤 연소는 분사된 연료의 끝 지점서부터 착화된다는 점이 아직 있어서, 공기와 연료가 완전히 섞인 다음에 착화되는 상황이 다 된 것이 아닙니다. 착화되기 전에 충분히 공기를 휘감아 더 이상 검댕이가 절대로 나오지 않을 정도로 처음부터 연료와 공기가 섞이는 상태까지 분무가 진화되면 좋은 것이죠. 궁극적인 분무는 그 점을 지향하고 있습니다.」

마지막으로 요소SCR(선택 환원 촉매) 같은 후처리 장치에 대해서 물어보았다. RDE가 실시되면 SCR은 필수로 남을까.

「디젤 엔진의 잠재력이 본말전도가 되지 않도록 연소로 일단 NOx를 억제해야 한다. 이것이 마쓰다의 개념입니다. 유럽에서는 『후처리를 하지 않는 것은 악』이라는 분위기도 읽을 수 있지만, 그것은 아니라고 봅니다. 최대한 후처리에 의존하지 않는, 원래의 연소 기술로 대응하는 것이 기본이라고 생각합니다. SCR 개발도 진행하기는 하지만 연소를 첫 번째로 생각해 나간다는 것이 기본방침입니다.」

그 기술에도 기대를 걸어본다.

2 ▶ **TOYOTA** 1GD/2GD-FTV

세계 각국의 수요에 대응할 수 있는
당찬 설계 사상

2015년에 토요타는 신형 디젤 GD계열을 발표. 하이럭스나 프라도 같은 모델에 탑재되는
이 GD계열 엔진의 생산대수는 15년 이후에도 착실하게 증가하고 있다.
「왜 디젤이어야만 할까?」그 이유를 개발진한테 물어보았다.

본문 : 세라 고타 사진 : 토요타 수치 : 토요타

⏏ 다양하게 요구되는 토크 특성

막연하게 「토크가 높은 것이 중요하다」고 하지만, 하이럭스 같은
모델은 사용 환경이 상당히 다채롭다. 4WD 로우로 급경사를
천천히 달리는 경우와 주행 저항이 많은 모랫길을 어느 정도 속도를
내서 달리는 경우는 당연히 부하나 엔진 사용회전수가 매우
다르다. 일본에서는 드물지만 해외에서는 무거운 트레일러는
견인하면서 고속으로 순항하는 능력도 요구된다. 요구되는 토크를
가솔린 엔진으로 확보하려면 배기량이 높아야 하는 반면에 연비
성능은 나빠진다.

이야기를 단순화하기 위해서 픽업트럭인 하이럭스로 한정해서 생각해 보겠다. 왜 이 차의 엔진은 디젤이 아니면 안 되는 걸까. 저속 토크를 발휘하는 일이라면 가솔린 엔진으로도 낼 수 있지 않나. 왜 가솔린은 안 되는 걸까.

「성능을 나타내는 두 가지 잣대만으로는 엔진에 요구되는 특성을 표현할 수 없습니다」

2015년 6월 19일에 발표한 GD계열 디젤 엔진의 개발 리더를 맡았던 하마무라 요시히코씨(토요타자동차 주식회사 파워트레인 컴퍼니 파워트레인 제품기획부 치프 엔지니어)는 이렇게 설명한다. 하마무라씨는 현재 파워트레인 전체를 보는 위치에 있고, GD계열의 개발 리더는 구사노 히로키씨(파워트레인 컴퍼니 엔진 설계부 과급·디젤 엔진 설계실 주사)가 후임으로 와 있다.

성능을 나타내는 두 가지 잣대란 최고출력과 최대토크를 말한다. 어느 쪽이든 액셀러레이터를 최대로 밟았을 때의 수치이다.

「최고출력과 최대토크는 엔진의 잠재력을 나타내는데 지나지 않습니다. 실제로 고객이 사용하는 토크 영역은 고객마다 다르죠.

『밟으면 바로 치고나갔으면 좋겠다』고 말했을 때, 그것이 발진을 가리키는지 아니면 중간 가속을 가리키는지를 제대로 가려내야 어떤 부분의 성능을 높여야 할지도 계획이 서겠죠」.

따라서 요구사항을 말로 받아들이면 본질을 오인하게 된다.

「듣는 것만으로는 안 됩니다. 현장에 확인하러 가지 않으면 잘못될 소지가 많죠」

구사노씨가 이렇게 보충한다. 태국에서는 최대적재량으로 기재된 숫자를 훨씬 넘어서 짐을 싣고 달리는 것이 일상다반사이다.

반면에 남미에서는 모랫길이나 진흙길을 달려야 할 때도 많다. 또 호주에서는 2톤이 넘는 캠핑 트레일러를 끌고서 경사진 고속도로를 질주해야 할 때도 있다.

「호주에서 사용하는 형태는 최대 토크를 발휘하는 영역을 사용합니다. 그 시점에서 액셀러레이터 페달을 밟았을 때의 속도를 어떻게 유지할 것인가를 생각해야 하는 것이죠」

저속 토크를 내야한다는 요구라면 「가솔린 엔진으로도 가능」하다고 책상 위에서 단편적으로 결론짓기는 어렵지 않다. 그러나 사용자가 실제로 필요로 하는 요구를 충족시키려면 결과적으로 디젤 엔진이 아니면 만족시킬 수 없다는 사실을 깨닫게 된다.

태국에서 필요로 하는 토크와 남미에서 필요로 하는 토크 또는 호주에서 필요로 하는 토크는 다르다. 「그것을 정밀하고 치밀한 개발 목표로 정하고 어떤 기술을 사용해야 실현할 수 있을지」(하마무라씨) 검토한 결과가 디젤 엔진인 것이다. 아니 GD계열 엔진이다.

「남반구는 비교적 고부하 동력 성능에 대한 요구가 높은 편입니다. 브라질, 아르헨티나, 호주 같은 나라들은 액셀러레이터 페달을 깊게 밟는 빈도가 높다고 파악하고 있습니다」

사용자의 요구는 바뀐다. 태국에서는 야채나 과일을 짐칸에 가득 싣기 위한 요구 외에, 젊은 사람은 패션으로 픽업을 선택하기도 한다. 도로가 혼잡한 이유도 있어서 저속 영역의 성능이나 연비를 요구하는 목소리도 있다.

한편 호주에서는 태국 같은 상황에서의 성능 향상은 별로 좋아하지 않는다. 자신을 자동차에 투영하는 오너가 많아서 스타일까지 포함해서 강력한 느낌, 거침없는 느낌을 요구하는 목소리가 더 높은 것이다.

세계 각 지역마다 이렇게 다른 요구에 대해 과급기나 촉매, 연료 필터 같은 엔진 본체 주변의 시스템으로 대응한다는 것이 GD계열 엔진의 개발 콘셉트이다. 주변에 장착하는 이런 시스템들을 최대로 살리기 위해서 엔진 기본 골격의 강건성(Robustness)을 높인다. 이때의 골격은 실린더 블록 강도나 강성을

가리키는 것이 아니라 기본 성능을 의미한다. 이 기본 성능 개념에는 필요한 상황에서 「토크를 발휘하는 것」 외에 지금까지 사용하던 이상으로 환경이 저온이거나 고온, 또는 고지이거나 연료 상태가 좋지 않은 지역에서도 사용할 수 있어야 한다는 것을 포함한다.

「공기의 다량 주입」을 중시한 이유는 GD 계열 엔진 개발에 있어서 가장 큰 특징 가운데 하나였다. 지난번 본지에 게재되었으므로 여기서는 상세한 설명은 생략하겠지만, GD계열 엔진을 개발하면서 중시한 것은 과급하지 않을 때의 토크이다. 과적재 상태나 모랫길, 진흙 길에서 출발하는 것을 떠올리면 이해하기 쉬울 것이다.

▼ 토요타 KD/GD계열 디젤 엔진 생산대수

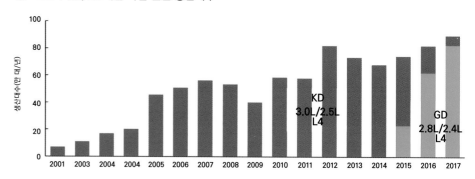

하이럭스, 프라도, 하이에스 등에 탑재되는 4기통 디젤 엔진의 전 세계 생산대수를 나타낸 그래프. 신세대 디젤인 GD계열 엔진을 발표한 것이 2015년으로, 이 해 가을에 발생한 VW 디젤 게이트 직전이었다. 그러나 각국의 수요에 합치된 GD계열을 탑재한 차량의 판매는 순조로워서 2017년의 KD/GD계열을 합친 생산대수는 과거 최대를 기록한다.

▼ 토요타 KD/GD계열 디젤 엔진 지역별 생산대수

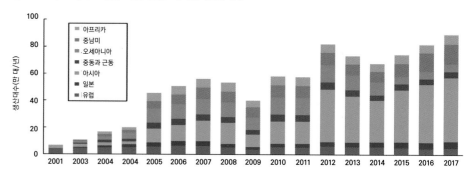

이 그래프는 위 그래프의 연도별 내역을 지역별로 나타낸 것. 아시아에서의 증가가 가장 두드러진다. 현재 8세대인 하이럭스는 태국에서 처음 공개. 일본용 하이럭스를 생산하는 토요타 모터 타일랜드는 1964년에 생산을 시작해 2016년도 시점에서 토요타 차량생산 실적은 52만 4000천 대로, 토요타의 해외 생산 거점에서 최대 규모를 자랑한다.

시장 변화에 대응할 수 있는 설계

변화

하이럭스의 주요 판매국인 태국에서는 근래에 예전의 말 같이 화물을 가득 싣는 상용방법뿐만 아니라, 승용차처럼 사용하려는 수요가 증가. 그러면서 디젤 엔진에도 가솔린 엔진 같이 조용한 소리나 세련된 엔진 타입 등을 요구하고 있다. GD계열에서는 설계할 때 이런 변화에 직접 맞춰나갈 뿐만 아니라, 양산개시 뒤에도 변화가 계속될 것이라는 전제로 기술을 구조화하고 있다.

● 다운 사이징한 GD계열 파워트레인

KD계열이 3.0ℓ와 2.5ℓ였던 것에 반해 GD계열은 2.8ℓ인 1GD-FTV형(위 사진)과 2.4ℓ인 2GD-FTV형으로 변경. 배기량을 줄이면 손실과 기계소음을 낮출 수 있지만, 출발과 저속 가속성능이나 이미션이 나빠진다. 그래서 GD계열에서는 자연 흡입 공기량 증가와 높은 응답성 과급으로 전자, 연소온도 제어화 촉매 시스템 정화 잠재력 향상으로 후자의 문제를 해결했다.

● 흡입 공기량을 늘리기 위한 포트 형상

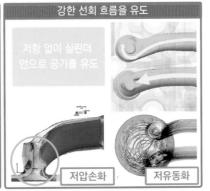

KD계열은 강한 스월(선회흐름)을 통해 실린더 안에 큰 와류를 만들어 준 다음, 거기에 연료를 분사해서 깨끗하게 연소시킨다는 개념이었다. 그에 반해 GD계열은 스월을 줄여서 더 많은 공기가 쉽게 들어가도록 포트를 직선 형태로 만듦으로써, 고압화·고제어화한 인젝터와 피스톤 형상을 개량해 양호한 연소를 실현. 과급하지 않을 때도 많은 공기를 빨아들이기 위해서 터보를 작게 할 수도 있다.

▼ 「가열하기 쉽고 냉각하기 쉬운」 피스톤

GD계열 피스톤에는 세계 최초로 TSWIN(Thermo Swing Wall Insulation) 기술을 적용했다. 상부에 실리카 강화 다공질 양극 산화막(검은 부분) 코팅을 통해 상사점 부근에서는 기존보다 더 뜨거워지고, 하사점 부근에서는 기존보다 더 차가워지도록 함으로써 연소할 때의 냉각손실을 최대 약 30%까지 줄였다.

「터보차저는 배출가스 에너지로 작동하므로 어느 정도 밟지 않으면 응답하지 않습니다. 그런데 모랫길에서 탈출하려는 운전자 입장에서는 과급이 걸리지 않은 상태에서도 토크가 나와 줘야 하죠. 즉 과급이 안 된 상태에서도 공기를 넣는 골격을 갖춰야 하는 겁니다. 그 상태에서 과급이 이루어졌을 때 더 타는 맛이 좋아진다. 이런 콘셉트인 것이죠」

터보는 배기 성능에 큰 영향을 준다. 토요타는 이전 모델인 KD계열에서 GD계열로 이동할 때 터보 바로 밑에 촉매를 장착하는 배치 구조를 했는데, 그것은 난기성을 향상시키기 위해서였다. 공기가 들어가기 힘든 엔진 골격(기본 특성)은 필요 이상으로 터보가 커져서, 그것이 열을 빼앗아 촉매 온도의 상승이 나빠진다.

그렇게 되면 배기 성능을 올리기 위해서 연소를 지각시켜야 하는데 그러면 이번에는 연비가 나빠지게 된다. 이런 악순환에 빠지는 것이다. 이런 점에서도 무과급 상태에서 공기가 잘 들어가게 하는 것이 중요하다.

고지대나 극저온 상태에서는 착화성이 문제가 된다. 이 착화성을 포함해 지역별 요구에 대응하기 위해서 KD계열은 용적비 종류가 15.00에서 17.9까지 10종류나 있었다. 이 정도의 종류라면 새로운 기술을 투입할 때 전 세계 운전자를 대상으로 하는 업데이트를 한 번에 하기가 무리이다. 그런 답답한 상황을 타파하기 위해서 GD계열은 정밀하게 연소를 제어하는 방식을 통해 전 세계적으로 통일된 용적비인 15.6으로 했다.

파일럿 분사량과 타이밍 제어를 통해(1기통당 2mm³의 분사량을 1만분의 2초로 제어한다!) 환경이 다르더라도 메인분사 때는 같은 실린더 안 상태가 되게 함으로써 확실하게 불이 붙게 한 것이다.

KD계열에 비해 현격히 조용해진 것도 이 연소 제어 덕분이다. 아이들링 등을 할 때 카락카락하고 들리는 소리는 실린더 간 연소 차이가 주된 원인으로, 이것 역시나 파일럿 분사를 통해 해소함으로써 부하를 불문하고 실린더마다 dp/d(크랭크각 당 압력 상슬률)를 갖추고 있다. 4개 실린더에 같은 양, 같은 질의 공기가 들어가도록 실린더 헤드 금형을 3D로 계측함으로써 모델과 대조해 정확도를 확보하는 등, 설계·제조 측면에서도 정밀한 제어를

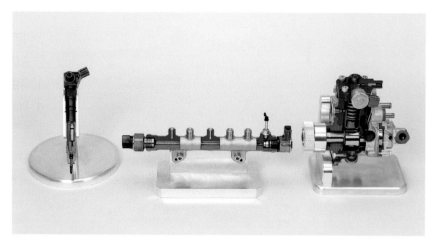

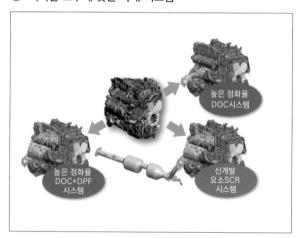

🔺 안정된 연소를 실현하는 인젝터

연료의 분사압력을 고압화하고 제어도 고도화한 커먼레일 방식 연료분사 시스템을 채택. 메인 분사 전에 외기상태에 맞춰서 정밀하게 파일럿 분사를 함으로써 혹한 지역이나 4500m를 넘는 고지대 등과 같이 가혹한 환경에서도 안정적인 연소를 실현했다.

🔺 토요타 자체 제작의 이점을 살린 터보

공급업체 중에서 선택하는 것이 아니라 GD계열에 최적으로 설계된 가변 지오메트리 터보. 무과급 영역에서도 엔진이 많은 공기를 빨아들이기 위해서 터보를 약 30% 소형화했다. 촉매의 난기 성능도 향상되었다.

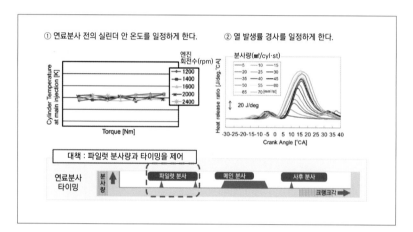

🔵 연료제어 개념과 그를 위한 대책

주요 특징은 「메인 분사 때의 실린더 안 상태의 최적화. 파일럿 분사량과 타이밍을 치밀하게 제어해 메인 분사 전에 실린더 안의 온도를 일정한 범위 내로 유지함으로써, 메인 분사를 할 때의 급격한 온도상승을 방지한다. 또 연소하는 실린더별 차이를 줄여서 소음까지 억제하고 있다.

🔻 지역별 요구에 맞춘 촉매 시스템

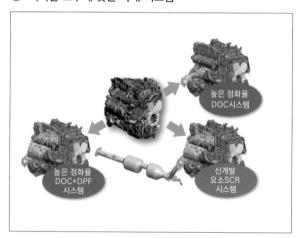

🔵 토요타에서는 처음 채택한 요소SCR 시스템

KD계열의 촉매 시스템을 리뉴얼해 질소산화물 NOx를 최대 약 99%까지 정화하는 요소SCR 시스템을 새롭게 채용. 개발할 때는 저온의 핀란드에서 주행시험을 하는 등, 뛰어난 강건성도 확보했다. 이 시스템도 터보와 마찬가지로 토요제 자체 제작이다.

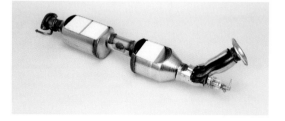

각국의 현지 인프라나 사용 환경, 연료 품질, 법규에 맞춰서 적절한 촉매 시스템을 사용한다. 엔진의 기본 골격은 공통으로 하면서 앞으로도 시시각각 변화할 것이 예상되는 환경 규제에 신속히 대응할 수 있는 체계를 구축했다.

뒷받침하고 있다.

「당사의 기본 입장은 고객의 기대를 저버리지 않는 파워트레인을 개발하는 것」이라고 하마무라씨는 설명한다. 「그런 상태에서 요구 변화에 대응해야 한다는 겁니다. 같은 환경에서 달린다 하더라도 더 좋은 느낌을 줘야 하고, 더 혹독한 환경에서 달리더라도 대응해 나갈 계획입니다.」

그런 준비는 구사노씨가 리드해가면서 진행하고 있다. 좋은 디젤 엔진을 만들었으니까 운전자가 사용해 달라는 자세가 아니라,

운전자가 요구하는 성능을 만족시키려고 했더니 디젤이 될 수밖에 없었다는 것이다. 그렇게 기술 수준을 높여서는 더 폭넓은 요구에 대응할 수 있는 여지를 남기게 되었다.

토요타자동차 주식회사
파워트레인 컴퍼니
파워트레인 제품기획부
치프 엔지니어

하나마루 요시히코
Yoshihiko HAMAMURA

토요타자동차 주식회사
파워트레인 컴퍼니
엔진설계부
과급·디젤 엔진설계실
주사

구사노 히로키
Hiroki KUSANO

2015년의 VW 디젤게이트 이후, 역풍을 견뎌내고 있는 승용차용 디젤 엔진. 미국과 일본의 자동차 제조사는 개발을 포기하다시피 했을 정도였만, 본고장이라고 할 수 있는 유럽에서는 선천적으로 뛰어난 열효율과 앞으로의 전동화에 대한 불확실성이 작용하면서 계속해서 시장 투입을 염두에 두고 신규개발이 진행되고 있다.

유럽 전체적으로는 영국과 프랑스 정부의 방침과는 별도로 에너지를 유효하게 이용하는 방법이 모색되고 있는데, 연료에 있어서 재생가능 전력을 통해 물을 전기 분해한 다음, CO_2를 첨가해 메탄가스와 가솔린, 경유(유사 성분의 탄화수소)를 합성해 확대 공급하는 방법(피셔트롭슈법)을 계획하고 있는 것이다. 그런

가운데 2018년 봄의 빈 심포지움에서는 폭스바겐, 다임러, BMW 독일 3사가 한결같이 신형 디젤에 대한 기술개요를 발표했다.

현대적 디젤 엔진의 근간기술인 연료분사 장치와 배출가스 처리 장치에 대해서는 보쉬가 주요 제품기술을 공급하고 있어서 3사의 디젤은 어떤 방식이든 산화촉매(DOC)와 NOx 흡착촉매(NSC) 2단 구조의 요소SCR을 같이 사용한다.

나아가 고압·저압 이중의 EGR로 RDE (EURO 6d temp)에 대응하는 것은 공통적이다. 처리 장치의 중층화로 인해 차체의 탑재 공간 문제가 있기는 하지만, 각사 모두 후처리 장치 전체를 모듈화하는 동시에 엔진 본체의 라인업을 정리하면서 다양한 장치를 공용화하는 방법으로

극복하고 있다.

폭스바겐의 EA288 "evo"에서는 기존의 1.4, 1.6, 2.0 3가지 종류였던 배기량을 2.0ℓ 하나로 통일. 다임러는 르노의 R9M·1.6ℓ 디젤의 라이선스 생산이 종료되면서 모듈러 설계 디젤인 2.0ℓ 4기통 OM654 D20을 대폭 변경한 D16 버전을 도입. 이를 통해 아무래도 비싸지기 쉬운 디젤 엔진의 생산단가 압축을 계획하고 있다. 나아가 폭스바겐과 다임러 두 가지 신 디젤 엔진에서 공통적인 점은 엔진 본체를 설계하는데 있어서 신규설계라고 해도 무방할 만큼 손을 많이 봐 배출가스&CO_2 감축과 고출력을 양립했다는 것이다.

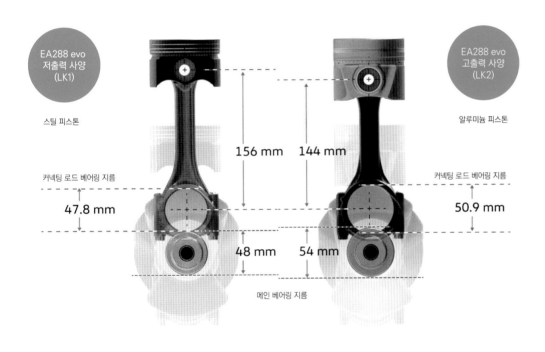

EA288 evo 저출력 사양 (LK1)

스틸 피스톤

EA288 evo 고출력 사양 (LK2)

알루미늄 피스톤

156 mm   144 mm

커넥팅 로드 베어링 지름

47.8 mm   50.9 mm

커넥팅 로드 베어링 지름

48 mm   54 mm

메인 베어링 지름

🔻 **폭스바겐은 배기량을 2.0ℓ로 통일**

기존에는 1.4ℓ, 1.6ℓ, 2.0ℓ 3종류 배기량의 디젤 엔진을 준비했던 VW은 2018년에 투입한 차세대 엔진 EA288 evo에서는 배기량을 2.0ℓ 하나로 줄였다. 배기량은 1종류이지만 100kW-120kW의 저출력 사양(LK1)과 120kW-150kW의 고출력 사양(LK2) 2가지를 설정. 보어·스트로크나 많은 부품을 공통으로 사용하지만 피스톤과 커넥팅 로드, 메인 베어링 지름 등은 차별화해 출력 범위를 바꾼다. 소형차는 가솔린 엔진으로 해결하고, 중대형차에 한해서만 디젤을 사용한다.

독일 3사의 뉴 디젤 전략

역풍에 휩싸였던 유럽의 디젤 승용차를 둘러싼 환경. 그러나 2018년 봄의 빈 심포지움에서는 폭스바겐, 다임러, BMW가 모두 신형 디젤에 관련된 상세한 자료를 발표하는 등, 복권을 서두르고 있었다.

본문 : 미우라 쇼지 사진 : 폭스바겐/다임러/BMW

EA288 evo에는 LK1(저출력 모델)과 LK2 (고출력 모델) 2가지 사양이 있다. 이것은 단순히 과급압만 바꾸는 것이 아니라 피스톤(LK1=단조강/LK2=알루미늄)과 커넥팅 로드 길이(156mm/144mm), 크랭크의 핀 지름 (47.9 mm/50.9mm)과 저널 지름(48mm /54mm)까지 바꾼 것이다. 또 LK1은 철 피스톤을 통해 철저히 하이트 높이를 낮게 함으로써 마찰 손실 감축에 활용하고, LK2는 고연소 압력에 견딜 수 있도록 견고한 구조를 채택한다.

🔻 모듈러 설계를 살린 다임러의 신형 1.6ℓ 장치

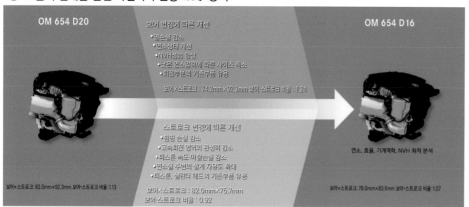

OM 654 D20	보어 변경에 따른 개선	OM 654 D16

보어 변경에 따른 개선
- 덕손실 감소
- 연소상태 개선
- NVH성능 향상
- 낮은 연소압력에 따른 사이즈 축소
- 회전부분의 기존부품 유용

보어×스트로크 : 74.2mm×92.3mm 보어·스트로크 비율 : 1.24

스트로크 변경에 따른 개선
- 펌핑 손실 감소
- 고속최전 영역의 관성력 감소
- 피스톤 속도·마찰손실 감소
- 연소실 주변의 설계 자유도 확대
- 피스톤, 실린더 헤드의 기존부품 유용

보어×스트로크 : 82.0mm×92.3mm 보어·스트로크 비율:1.13
보어·스트로크 비율 : 0.92

연소, 효율, 기계역학, NVH 최적 분석

보어×스트로크:82.0mm×75.7mm
보어×스트로크:78.0mm×83.6mm 보어·스트로크 비율:1.07

2.0ℓ인 OM654 D20형과 아주 많은 부품을 유용해 탄생한 것이 OM654 D16 엔진이다. 보어·스트로크 비율은 둘 다 2.0ℓ와 다르지만, 보어 피치는 90mm로 공통. VW과는 반대로 모델을 늘려서 디젤 시장 확대를 노린다.

🔻 OM654 D16의 마찰손실 감축 기술

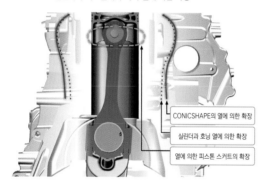

실린더와 피스톤의 부하와 열에 의한 확장

- CONICSHAPE의 열에 의한 확장
- 실린더와 호닝 열에 의한 확장
- 열에 의한 피스톤 스커트의 확장

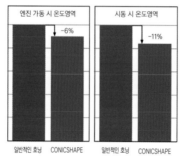

피스톤의 마찰손실 양

엔진 가동 시 온도영역 -6%
시동 시 온도영역 -11%

일반적인 호닝 CONICSHAPE   일반적인 호닝 CONICSHAPE

부하가 걸리면서 엔진 온도가 상승했을 때 더 적정한 보어 지름이 되도록 설계된 코닉셰이프를 새롭게 채택. 피스톤의 마찰손실을 시동 걸 때는 11%를, 일반적인 가동 영역에서는 6%를 감축한다.

🔻 RDE 제1단계를 통과한 BMW의 M40d용 엔진

유로4d temp
이미션 달성

연료소비 감소

출력/토크 증대

동적 성능 향상

엔진음 최적화

모듈러 설계 유지

X4 모델에 탑재된 3.0ℓ 직렬6기통 디젤 엔진은 기존모델과 기본구성을 크게 바꾸지 않고 최고 출력이나 최대 토크, 운전 편리성이나 이미션 등 전체적으로 성능을 향상시켰다.

OM654 D16은 2.0ℓ 직렬4기통/3.0ℓ 직렬6기통과 90mm의 보어 피치는 공통이면서, 2.0ℓ와는 보어·스트로크를 모두 달리해 목표로 하는 출력이나 환경 성능에 부합하는 보어·스트로크 비율을 실현한다. 그와 동시에 크랭크 핀 지름, 저널 폭을 모두 축소. 피스톤 주변의 경량화 스트로크 단축으로 생긴 여유를 밸런서 폐지에 할당했다.

또 보어 아래쪽을 향해 지름이 넓어지게 처리해 부하가 높아져 온도가 상승했을 때 균일한 보어 지름이 되는 코닉셰이프(CONICSHAPE)를 디젤 엔진에 처음으로 채택. 이를 통해 마찰 손실을 줄인다.

BMW의 신 디젤은 기존 B57형 3.0ℓ 직렬6기통의 기본설계에 변경을 주지는 않았다. 주요 개선점은 중복된 배출가스 처리 장치 전체의 가스 흐름을 개선한 것으로, 좁혀지는 부분을 최대한으로 줄여 RDE1에 대응하면서도 토크를 기존보다 50Nm이나 향상시켰다.

가스 흐름의 저항 감축은 VW도 중시하는 점으로, 특히 Lo-Hi 두 가지 EGR 경로를 최적화하는 식으로 압력손실을 50% 감축함으로써 터보에 대한 배기유량을 크게 하는데 성공했다.

독일의 신세대 디젤 엔진은 개발정체라는 소문을 뒤로 하고 이렇게 전혀 새로운 엔진으로 등장하고 있다.

🔻 배출가스 후처리 장치를 더 충실하게 하는 콘셉트

M40d용 신형 디젤엔진은 배기시스템에 NOx 흡착촉매, 요소SCR 시스템, DPF 등과 같은 장치를 아래 그림처럼 배치함으로써 엔진이 저온일 때부터 고온 때까지 효율적으로 배출가스를 정화. 이미 RDE 제1단계를 통과하는 환경성능을 갖추고 있다.

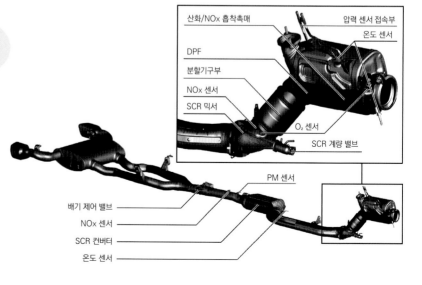

- 산화/NOx 흡착촉매
- 압력 센서 접속부
- 온도 센서
- DPF
- 분할기구부
- NOx 센서
- SCR 믹서
- O₂ 센서
- SCR 계량 밸브
- PM 센서
- 배기 제어 밸브
- NOx 센서
- SCR 컨버터
- 온도 센서

[승용차용 디젤 엔진의 현재]

Diesel Engine Catalogue

승용차용 디젤 엔진은 제조사에 따라 온도차이가 있기는 하지만 각 제조사마다 계속 생산하고 있다.
유럽과 일본 브랜드가 현재 내놓고 있는 디젤 엔진을 한 곳에 모아보았더니 생각 외로 다양했다.

본문: 다카하시 잇페이/MFi

TOYOTA

하이럭스나 랜드크루저 등, 세계적으로 활약하는 내구성 위주 모델에 들어가는 토요타의 디젤 엔진은 가혹한 환경에서의 사용을 목적으로 한 강건한 점이 특징. 최신세대 GD 시리즈에는 유체해석에 기초한 설계나 최대 분사압력 220MPa의 커먼레일 등과 같은 수많은 신기술을 투입하고 있다.

① 1GD-FTV

배기량	2754cc
보어×스트로크	92.0mm×103.6mm
압축비	15.6
최고출력	130kW/3400rpm
최대토크	450Nm/1600~2400rpm
흡기방식	터보차저
캠 배치	DOHC
블록 소재	알루미늄 합금
흡기밸브/배기밸브 수	2/2
밸브구동 방식	로커 암
연료분사 방식	DI
VVT/VVL	Ex/×

② 2GD-FTV

배기량	2393cc
보어×스트로크	92.0mm×90.0mm
압축비	15.6
최고출력	110kW/3400rpm
최대토크	400Nm/1600~2100rpm
흡기방식	터보차저
캠 배치	DOHC
블록 소재	알루미늄 합금
흡기밸브/배기밸브 수	2/2
밸브구동 방식	로커 암
연료분사 방식	DI
VVT/VVL	×/×

③ 1ND-TV

배기량	1364cc
보어×스트로크	73.0mm×81.5mm
압축비	16.5
최고출력	66kW/3800rpm
최대토크	205Nm/1800~2800rpm
흡기방식	터보차저
캠 배치	SOHC
블록 소재	알루미늄 합금
흡기밸브/배기밸브 수	1/1
밸브구동 방식	로커 암
연료분사 방식	DI
VVT/VVL	×/×

④ 1KD-FTV

배기량	2982cc
보어×스트로크	96.0mm×103.0mm
압축비	15
최고출력	106kW/3400rpm
최대토크	300Nm/1200~3200rpm
흡기방식	터보차저
캠 배치	DOHC
블록 소재	알루미늄 합금
흡기밸브/배기밸브 수	2/2
밸브구동 방식	로커 암
연료분사 방식	DI
VVT/VVL	×/×

⑤ 1VD-FTV

배기량	4461cc
보어×스트로크	86.0mm×96.0mm
압축비	16.8
최고출력	151kW/3400rpm
최대토크	430Nm/1600~2900rpm
흡기방식	터보차저
캠 배치	DOHC
블록 소재	주철
흡기밸브/배기밸브 수	2/2
밸브구동 방식	로커 암
연료분사 방식	DI
VVT/VVL	×/×

NISSAN

MK연소로 불리는 예혼합 연소기술에 관한 연구개발을 적극적으로 추진해 온 닛산은 그 기술을 살리면서 1990년대 말에 등장한 YD25형을 진화시키고 있다. 해외용 모델(태국에서 생산하는 NP300 나바라)용으로 생산하는 YS23형은 르노 제품을 바탕으로 한 것이지만, 독자적인 기술접목을 통해 출력을 더 높이고 있다.

⑥ YS23

배기량	2298cc
보어×스트로크	85.0mm×101.3mm
압축비	15.4
최고출력	140kW/3750rpm
최대토크	450Nm/1500~2500rpm
흡기방식	터보차저
캠 배치	DOHC
블록 소재	주철
흡기밸브/배기밸브 수	2/2
밸브구동 방식	로커 암
연료분사 방식	DI
VVT/VVL	×/×

⑦ YD25DDTi

배기량	2488cc
보어×스트로크	89.0mm×100.0mm
압축비	15
최고출력	95kW/3200rpm
최대토크	356Nm/1400~2000rpm
흡기방식	터보차저
캠 배치	DOHC
블록 소재	주철
흡기밸브/배기밸브 수	2/2
밸브구동 방식	로커 암
연료분사 방식	DI
VVT/VVL	×/×

MAZDA

초대 SH-VPTS형의 14.0 압축비로 세계를 놀라게 했던 마쯔다. 그 개량판인 SH-VPTR에서는 압축비를 올렸지만, 그래도 14.4이다. 이런 독자적 저압축 콘셉트는 지금도 건재해서, 덴소 i-ART기술도입을 통해 연소상태 개선에 성공. 1.5ℓ판으로 등장한 S5-DPTS형은 1.8ℓ로 확대한 S8-DPTS형으로 진화했다.

⑧ S8-DPTS

배기량	: 1756cc
보어×스트로크	: 79.0mm×89.6mm
압축비	: 14.8
최고출력	: 85kW/4000rpm
최대토크	: 270Nm/1600~2600rpm
흡기방식	: 터보차저
캠 배치	: DOHC
블록 소재	: 알루미늄 합금
흡기밸브/배기밸브 수	: 2/2
밸브구동 방식	: 로커 암
연료분사 방식	: DI
VVT/VVL	: ×/○

⑨ S5-DPTS

배기량	: 1498cc
보어×스트로크	: 76.0mm×82.6mm
압축비	: 14.8
최고출력	: 77kW/4000rpm
최대토크	: 270Nm/1600~2500rpm
흡기방식	: 터보차저
캠 배치	: DOHC
블록 소재	: 알루미늄 합금
흡기밸브/배기밸브 수	: 2/2
밸브구동 방식	: 로커 암
연료분사 방식	: DI
VVT/VVL	: ×/×

⑩ SH-VPTS

배기량	: 2188cc
보어×스트로크	: 86.0mm×94.2mm
압축비	: 14.4
최고출력	: 140kW/4500rpm
최대토크	: 450Nm/2000rpm
흡기방식	: 터보차저
캠 배치	: DOHC
블록 소재	: 알루미늄 합금
흡기밸브/배기밸브 수	: 2/2
밸브구동 방식	: 로커 암
연료분사 방식	: DI
VVT/VVL	: ×/×

HONDA

혼다가 가진 유일한 디젤 엔진이 영국 윌트셔주 스윈던의 혼다 UK공장에서 생산하는 N16B형이다. 데뷔는 2012년. 유럽시장을 강하게 의식한 다운 사이징 콘셉트로서, 블록을 알루미늄 소재를 사용하면서 실린더 주변에 오픈 덱(Open Deck) 구조를 이용하는 등 대담한 설계방식을 통해 초경량으로 만들었다.

⑪ N16B

배기량	: 1579cc
보어×스트로크	: 76.0mm×88.0mm
압축비	: 16
최고출력	: 88kW/4000rpm
최대토크	: 300Nm/2000rpm
흡기방식	: 터보차저
캠 배치	: DOHC
블록 소재	: 알루미늄 합금
흡기밸브/배기밸브 수	: 2/2
밸브구동 방식	: 로커 암
연료분사 방식	: DI
VVT/VVL	: ×/×

MITSUBISHI

14.9의 저압축비나 독자적인 가변밸브 시스템인 MIVEC 채택 등, 최신기술을 적용한 의욕작이 4N1 시리즈이다. 1990년대 초부터 사용하고 있는 4M4계열을 바탕으로 커먼레일 등의 현대적 기술을 조합해 환경성능을 확보한 4M41형을 라인업에 두고 있다. 4N1시리즈에는 2.4ℓ인 4N15형, 2.3ℓ인 4N14형 두 가지가 있다.

⑫ 4N15

배기량	: 2422cc
보어×스트로크	: 86.0mm×105.1mm
압축비	: 15.5
최고출력	: 133kW/3500rpm
최대토크	: 430Nm/2500rpm
흡기방식	: 터보차저
캠 배치	: DOHC
블록 소재	: 알루미늄 합금
흡기밸브/배기밸브 수	: 2/2
밸브구동 방식	: 로커 암
연료분사 방식	: DI
VVT/VVL	: In/In

⑬ 4N14

배기량	: 2267cc
보어×스트로크	: 86.0mm×97.6mm
압축비	: 14.9
최고출력	: 109kW/3500rpm
최대토크	: 360Nm/1500~2750rpm
흡기방식	: 터보차저
캠 배치	: DOHC
블록 소재	: 알루미늄 합금
흡기밸브/배기밸브 수	: 2/2
밸브구동 방식	: 로커 암
연료분사 방식	: DI
VVT/VVL	: In/In

⑭ 4M41

배기량	: 3200cc
보어×스트로크	: 98.5mm×105.0mm
압축비	: 16
최고출력	: 140kW/3500rpm
최대토크	: 441Nm/2000rpm
흡기방식	: 터보차저
캠 배치	: DOHC
블록 소재	: 주철
흡기밸브/배기밸브 수	: 2/2
밸브구동 방식	: 로커 암
연료분사 방식	: DI
VVT/VVL	: ×/×

SUBARU

스바루가 가진 단 하나의 디젤 엔진인 EE20형은 세계 최초로 유일무이한 수평대향 4기통이다. 수평대향의 특징인 뛰어난 블록 강성을 살리기 위해 가솔린판 수평대향 엔진(6기통 EG36형)과 많은 부분에서 치수를 공유하고 있다. 말하자면 디젤 엔진과 가솔린 엔진의 모듈러 콘셉트를 통한 제조 분담의 선구라고 할 만한 존재이다.

⑮ EE20

배기량	: 1998cc
보어×스트로크	: 86.0mm×86.0mm
압축비	: 16.3
최고출력	: 110kW/3600rpm
최대토크	: 350Nm/1600~2400rpm
흡기방식	: 터보차저
캠 배치	: DOHC
블록 소재	: 알루미늄 합금
흡기밸브/배기밸브 수	: 2/2
밸브구동 방식	: 로커 암
연료분사 방식	: DI
VVT/VVL	: ×/×

SUZUKI

스즈키가 만든 디젤 엔진은 인도에만 수출하기 위해 생산하는 1기종분이다. 0.8ℓ 2기통에 터보차저를 조합한 구성도 드문 사례이지만 커먼레일 방식의 연료분사 시스템에 FDB커먼레일이라고 불리는, 공통된 연료 레일이 없는 색다른 방법을 채택한 것도 내용적으로는 매우 흥미로운 사례이다.

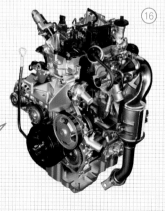

⑯ E08A

배기량	: 793cc
보어×스트로크	: 77.0mm×85.1mm
압축비	: 15.1
최고출력	: 35kW/3500rpm
최대토크	: 125Nm/2000rpm
흡기방식	: 터보차저
캠 배치	: DOHC
블록 소재	: 알루미늄 합금
흡기밸브/배기밸브 수	: 2/2
밸브구동 방식	: 직접구동
연료분사 방식	: DI
VVT/VVL	: ×/×

MERCEDES-BENZ

2004년에 등장한 3.0ℓ·V6 OM642형도 아직 라인업에 남아 있지만, 주목해야 할 것은 최신세대 3.0ℓ 직렬6기통 OM656형과 2.0ℓ 직렬4기통 OM654형이다. 가솔린 엔진과 많은 부분에서 설계를 공유하는 모듈러 콘셉트나 최신 연소제어 개념 등 눈여겨 볼만한 것들이 많다. 가변 밸브 드리프트 시스템 도입 등, RDE에 대한 대응을 전제로 한 야심적인 시도도 많이 채택했다.

⑰ OM656

배기량	2927cc
보어×스트로크	82.0mm×92.3mm
압축비	15.5
최고출력	250kW/3600~4400rpm
최대토크	700Nm/1200~3200rpm
흡기방식	터보차저
캠 배치	DOHC
블록 소재	알루미늄 합금
흡기밸브/배기밸브 수	2/2
밸브구동 방식	로커 암
연료분사 방식	DI
VVT/VVL	In/○

⑱ OM651

배기량	2143cc
보어A×스트로크	83.0mm×99.0mm
압축비	16.2
최고출력	150kW/3800rpm
최대토크	500Nm/1600~1800rpm
흡기방식	터보차저
캠 배치	DOHC
블록 소재	주철
흡기밸브/배기밸브 수	2/2
밸브구동 방식	로커 암
연료분사 방식	DI
VVT/VVL	×/×

⑲ OM642

배기량	2987cc
보어×스트로크	83.0mm×92.0mm
압축비	15.5
최고출력	190kW/3400rpm
최대토크	620Nm/1600~2400rpm
흡기방식	터보차저
캠 배치	DOHC
블록 소재	주철
흡기밸브/배기밸브 수	2/2
밸브구동 방식	로커 암
연료분사 방식	DI
VVT/VVL	×/×

⑳ OM654

배기량	1950cc
보어×스트로크	82.0mm×92.3mm
압축비	15.5
최고출력	143kW/3800rpm
최대토크	400Nm/1600~2800rpm
흡기방식	터보차저
캠 배치	DOHC
블록 소재	알루미늄 합금
흡기밸브/배기밸브 수	2/2
밸브구동 방식	로커 암
연료분사 방식	DI
VVT/VVL	×/×

㉓ N57

배기량	2993cc
보어×스트로크	84.0mm×90.0mm
압축비	16.5
최고출력	230kW/4400rpm
최대토크	630Nm/1500~2500rpm
흡기방식	터보차저
캠 배치	DOHC
블록 소재	알루미늄 합금
흡기밸브/배기밸브 수	2/2
밸브구동 방식	로커 암
연료분사 방식	DI
VVT/VVL	×/×

㉔ B47

배기량	1995cc
보어×스트로크	84.0mm×90.0mm
압축비	16.5
최고출력	165kW/4400rpm
최대토크	450Nm/1500~3000rpm
흡기방식	터보차저
캠 배치	DOHC
블록 소재	알루미늄 합금
흡기밸브/배기밸브 수	2/2
밸브구동 방식	로커 암
연료분사 방식	DI
VVT/VVL	×/×

㉑ B37

배기량	1496cc
보어×스트로크	84.0mm×90.0mm
압축비	16.5
최고출력	85kW/4000rpm
최대토크	270Nm/1750rpm
흡기방식	터보차저
캠 배치	DOHC
블록 소재	알루미늄 합금
흡기밸브/배기밸브 수	2/2
밸브구동 방식	로커 암
연료분사 방식	DI
VVT/VVL	×/×

㉒ B57

배기량	2993cc
보어×스트로크	84.0mm×90.0mm
압축비	16.5
최고출력	235kW/4400rpm
최대토크	680Nm/1750~2250rpm
흡기방식	터보차저
캠 배치	DOHC
블록 소재	알루미늄 합금
흡기밸브/배기밸브 수	2/2
밸브구동 방식	로커 암
연료분사 방식	DI
VVT/VVL	×/×

BMW

2.0ℓ 직렬4기통 N47형, 3.0ℓ 직렬6기통 N57형 같은 N형 계열과 병행하는 형태로 3기통과 4기통 그리고 6기통까지 커버할 수 있는, 새로운 모듈러 시리즈인 B형 계열 엔진을 갖고 있다. 3.0ℓ 직렬6기통 B57형에는 N57형과 똑같은 다단 구성을 가진 트리플 터보 시스템을 채택하는 등 공통요소도 적지 않지만, B형 계열은 모든 분야에서 착실하게 진화 중이다.

VOLKSWAGEN Audi

VW그룹에서는 MQB 플랫폼에 맞춰서 EA189형을 쇄신한 EA288 시리즈 (1.4/1.6/2.0ℓ)가 현재의 주력 디젤 엔진이다. 터보차저와 같이 채택된 PM필터 등을 통해 유로6를 통과하며, 요소를 분사하는 NOx 환원도 준비된다. 벤틀리 벤테이가 에는 4.0ℓ V8 디젤 엔진도 탑재.

㉕ EA288 2.0TDI

배기량	1968cc
보어×스트로크	81.0mm×95.5mm
압축비	15.8
최고출력	135kW/4000rpm
최대토크	380Nm/1750~3250rpm
흡기방식	터보차저
캠 배치	DOHC
블록 소재	알루미늄 합금
흡기밸브/배기밸브 수	2/2
밸브구동 방식	로커 암
연료분사 방식	DI
VVT/VVL	×/×

㉖ EA288 1.4TDI

배기량	1422cc
보어×스트로크	79.5mm×80.5mm
압축비	16.1
최고출력	66kW/3250rpm
최대토크	230Nm/1750~2500rpm
흡기방식	터보차저
캠 배치	DOHC
블록 소재	알루미늄 합금
흡기밸브/배기밸브 수	2/2
밸브구동 방식	로커 암
연료분사 방식	DI
VVT/VVL	×/×

㉗ EA288 1.6TDI

배기량	1598cc
보어×스트로크	79.5mm×80.5mm
압축비	16.5
최고출력	81kW/3200~4000rpm
최대토크	250Nm/1500~3000rpm
흡기방식	터보차저
캠 배치	DOHC
블록 소재	알루미늄 합금
흡기밸브/배기밸브 수	2/2
밸브구동 방식	로커 암
연료분사 방식	DI
VVT/VVL	×/×

㉘ EA896 3.0TDI

배기량	2967cc
보어×스트로크	83.0mm×91.4mm
압축비	15.5
최고출력	250kW/4100~4300rpm
최대토크	700Nm/1500~2550rpm
흡기방식	터보차저
캠 배치	DOHC
블록 소재	주철
흡기밸브/배기밸브 수	2/2
밸브구동 방식	로커 암
연료분사 방식	DI
VVT/VVL	×/×

㉙ EA896 4.0TDI

배기량	3956cc
보어×스트로크	83.0mm×91.4mm
압축비	16
최고출력	320kW/3750~5000rpm
최대토크	900Nm/1000~3250rpm
흡기방식	터보차저+eSC
캠 배치	DOHC
블록 소재	주철
흡기밸브/배기밸브 수	2/2
밸브구동 방식	로커 암
연료분사 방식	DI
VVT/VVL	In-Ex/×

FIAT CHRYSLER AUTOMOBILES

피아트는 A세그먼트나 B세그먼트에도 적극적으로 디젤 엔진 모델을 투입하고 있다. 현재 최소배기량은 1.3멀티젯 (Multijet)인 1.3ℓ이다. 나아가 1.6/2.0/2.2멀티젯을 갖추고 있어서 뿌리 깊은 디젤 엔진 수요에 대응할 수 있다. 2.2멀티젯은 알파로메오 줄리아에도 사용 중이다. 크라이슬러 브랜드에서는 6.7ℓ 직렬6기통도 사용한다.

㉚ 1.3 Multijet

배기량	1248cc
보어×스트로크	69.0mm×82.0mm
압축비	16.8
최고출력	70kW/3750rpm
최대토크	200Nm/1500rpm
흡기방식	터보차저
캠 배치	DOHC
블록 소재	주철
흡기밸브/배기밸브 수	2/2
밸브구동 방식	로커 암
연료분사 방식	DI
VVT/VVL	×/×

㉛ 1.6 Multijet

배기량	1598cc	캠 배치	DOHC
보어×스트로크	79.5mm×80.5mm	블록 소재	주철
압축비	16.5	흡기밸브/배기밸브 수	2/2
최고출력	88kW/3750rpm	밸브구동 방식	로커 암
최대토크	320Nm/1500rpm	연료분사 방식	DI
흡기방식	터보차저	VVT/VVL	×/×

㉝ 6.7 DIESEL

배기량	6690cc
보어×스트로크	107.0mm×124.0mm
압축비	17.3
최고출력	242kW/2400rpm
최대토크	1017Nm/1500rpm
흡기방식	터보차저
캠 배치	OHV
블록 소재	주철
흡기밸브/배기밸브 수	2/2
밸브구동 방식	로커 암
연료분사 방식	DI
VVT/VVL	×/×

㉜ 2.0 Multijet

배기량	1956cc
보어×스트로크A	83.0mm×90.4mm
압축비	16.5
최고출력	128kW/3750rpm
최대토크	350Nm/1750rpm
흡기방식	터보차저
캠 배치	DOHC
블록 소재	알루미늄 합금
흡기밸브/배기밸브 수	2/2
밸브구동 방식	로커 암
연료분사 방식	DI
VVT/VVL	×/×

㉞ 3.0 DIESEL

배기량	2988cc
보어×스트로크	83.0mm×92.0mm
압축비	16.5
최고출력	179kW/3600rpm
최대토크	569Nm/2000rpm
흡기방식	터보차저
캠 배치	DOHC
블록 소재	주철
흡기밸브/배기밸브 수	2/2
밸브구동 방식	로커 암
연료분사 방식	DI
VVT/VVL	×/×

JAGUAR LANDROVER

신생 재규어 랜드로버 최초의 자사개발 엔진은 Ingenium(인지니엄)이라고 부르는 직렬4기통 2.0ℓ 디젤 엔진이었다. 세계적인 SUV 붐 속에서 랜드로버 이보크에 탑재한 이후, 지금은 재규어 XE나 XF 등의 승용차에도 장착하고 있다. 철저한 마찰손실 감축과 차음대책이 장점인 디젤 엔진이다.

㉟ Ingenium Diesel

배기량	1999cc
보어×스트로크	83.0mm×92.4mm
압축비	15.5
최고출력	132kW/4000rpm
최대토크	430Nm/1750rpm
흡기방식	터보차저
캠 배치	DOHC
블록 소재	알루미늄 합금
흡기밸브/배기밸브 수	2/2
밸브구동 방식	로커 암
연료분사 방식	DI
VVT/VVL	In/×

㊲ 4.4 DIESEL

배기량	4367cc
보어×스트로크	84.0mm×98.5mm
압축비	16
최고출력	250kW/3500rpm
최대토크	740Nm/1750~2300rpm
흡기방식	터보차저
캠 배치	DOHC
블록 소재	주철
흡기밸브/배기밸브 수	2/2
밸브구동 방식	로커 암
연료분사 방식	DI
VVT/VVL	×/×

㊳ A630

배기량	2987cc	캠 배치	DOHC
보어×스트로크	83.0mm×92.0mm	블록 소재	알루미늄 합금
압축비	16.5	흡기밸브/배기밸브 수	2/2
최고출력	202kW/4000rpm	밸브구동 방식	로커 암
최대토크	600Nm/2000~2600rpm	연료분사 방식	DI
흡기방식	터보차저	VVT/VVL	×/×

MASERATI

마세라티가 처음 채택한 디젤엔진은 이탈리아의 VM사와 공동으로 개발한 A630. E세그먼트 더구나 럭셔리 브랜드라고 하더라도 디젤 엔진을 요구하는 유럽 시장의 상징적 존재 같은 엔진이다. 184kW와 202kW를 발휘하는 두 가지 엔진은 여유 넘치는 주행성능을 뽐낸다.

㊱ AJD-V6 Gen.3

배기량	2933cc	캠 배치	DOHC
보어×스트로크	84.0mm×90.0mm	블록 소재	알루미늄 합금
압축비	16.1	흡기밸브/배기밸브 수	2/2
최고출력	190kW/3750rpm	밸브구동 방식	직접구동
최대토크	600Nm/1750~2250rpm	연료분사 방식	DI
흡기방식	터보차저	VVT/VVL	×/×

RENAULT

제휴 관계인 닛산과 공동으로 개발한 장치가 중심을 이룬다. 클리오나 캉구, 메가느 등에 탑재되는 K9K는 출력 55kW인 dCi75, 66kW인 dCi90, 81kW인 dCi110을 갖추고 있다. 배기촉매 시스템은 산화촉매 2개+DPF로 구성. 이밖에 다운 사이징된 R9M 시리즈, 포스트 신장기 배출가스 규제에 처음으로 대응한 M9R 시리즈가 있다.

㊸ 2.0 BlueHDi150

배기량	1997cc
보어×스트로크	85.0mm×88.0mm
압축비	16
최고출력	110kW/3750rpm
최대토크	370Nm/2000rpm
흡기방식	터보차저
캠 배치	DOHC
블록 소재	주철
흡기밸브/배기밸브 수	2/2
밸브구동 방식	로커 암
연료분사 방식	DI
VVT/VVL	×/×

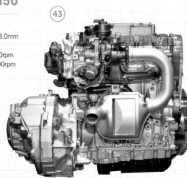

㊷ 1.6 BlueHDi 120

배기량	1560cc
보어×스트로크	75.0mm×88.3mm
압축비	16
최고출력	88kW/3500rpm
최대토크	300Nm/1750rpm
흡기방식	터보차저
캠 배치	SOHC
블록 소재	알루미늄 합금
흡기밸브/배기밸브 수	1/1
밸브구동 방식	로커 암
연료분사 방식	DI
VVT/VVL	×/×

㊴ K9K dCi110

배기량	1461cc	캠 배치	SOHC
보어×스트로크	76.0mm×80.5mm	블록 소재	주철
압축비	17.9	흡기밸브/배기밸브 수	1/1
최고출력	81kW/4000rpm	밸브구동 방식	로커 암
최대토크	260Nm/1750rpm	연료분사 방식	DI
흡기방식	터보차저	VVT/VVL	×/×

㊵ R9M dCi160

배기량	1598cc	캠 배치	DOHC
보어×스트로크	80.0mm×79.5mm	블록 소재	주철
압축비	15.7	흡기밸브/배기밸브 수	2/2
최고출력	118kW/4000rpm	밸브구동 방식	로커 암
최대토크	380Nm/1750rpm	연료분사 방식	DI
흡기방식	터보차저	VVT/VVL	×/×

㊶ M9R

배기량	1995cc	캠 배치	DOHC
보어×스트로크	84.0mm×90.0mm	블록 소재	주철
압축비	15.1	흡기밸브/배기밸브 수	2/2
최고출력	130kW/3750rpm	밸브구동 방식	로커 암
최대토크	380Nm/2000rpm	연료분사 방식	DI
흡기방식	터보차저	VVT/VVL	×/×

PEUGEOT CITROEN

유럽의 소형 디젤 엔진 모델 수요를 떠맡고 있는 1.6 BlueHDi는 이미션이나 에너지 효율을 향상시켰다. FAP로 불리는 PF(Particulate Filter)에 SCR를 추가하는 식으로 철저히 이미션 대책을 세우고 있다. 마찰손실 배제, 펌핑 손실 감축 등, 대책이 여러 방면으로 걸쳐 있다. 20년의 역사를 가진 2.0 BlueTDi는 아직도 현역으로 뛴다.

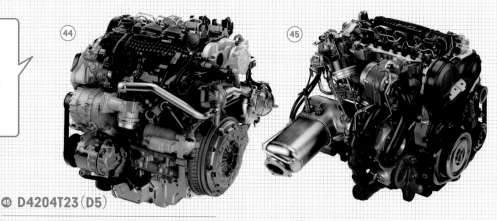

VOLVO

모듈러 엔진 「Drive-E」의 디젤판. 출력이 낮은 쪽부터 순서대로 D2/D3/D4/D5로 설정해 터보차저 개수나 VG 유무 등에 따라 성능에 차등을 두고 있다. 디젤 엔진과 가솔린 엔진 공용은 디젤 D2/D3와 가솔린 T3/T4, 디젤엔진 D4/D5와 가솔린 T5/T6이 커넥팅 로드 베어링 지름과 폭이 공통이다.

㊹ D4204T14 (D4)

배기량	1969cc	캠 배치	DOHC
보어×스트로크	82.0mm×93.2mm	블록 소재	알루미늄 합금
압축비	15.8	흡기밸브/배기밸브 수	2/2
최고출력A	140kW/4250rpm	밸브구동 방식	로커 암
최대토크	400Nm/1750~2500rpm	연료분사 방식	DI
흡기방식	터보차저	VVT/VVL	In-Ex/×

㊺ D4204T23 (D5)

배기량	1969cc	캠 배치	DOHC
보어×스트로크	82.0mm×93.2mm	블록 소재	알루미늄 합금
압축비	15.8	흡기밸브/배기밸브 수	2/2
최고출력	173kW/4000rpm	밸브구동 방식	직접구동
최대토크	480Nm/1750~2250rpm	연료분사 방식	DI
흡기방식	터보차저	VVT/VVL	×/×

FORD

완전 새로 설계한 EcoBlue 2.0은 EGR 통로를 주철 블록 내부에 만들어 주조한 다음, 크랭크축을 옵셋한 사다리 프레임과 체결. 하나로 된 캠 홀더가 캠 샤프트를 관통하면서 캠 안을 오일이 순환하는 코그 벨트 구동방식이다. 피에스타나 포커스에 장착하는 1.5/1.6/2.0/2.2ℓ 외에, 풀 사이즈 트럭용 V8 6.7ℓ도 있다.

㊻ EcoBlue 2.0

배기량	1995cc
보어×스트로크	84.0mm×90.0mm
압축비	16.5
최고출력	96kW/3500rpm
최대토크	385Nm/1500~2000rpm
흡기방식	NA
캠 배치	DOHC
블록 소재	알루미늄 합금
흡기밸브/배기밸브 수	2/2
밸브구동 방식	로커 암
연료분사 방식	DI
VVT/VVL	In/×

㊼ 1.6 Duratorq

배기량	1560cc
보어×스트로크	75.0mm×88.3mm
압축비	16
최고출력	84kW/3800rpm
최대토크	215Nm/1750rpm
흡기방식	터보차저
캠 배치	SOHC
블록 소재	알루미늄 합금
흡기밸브/배기밸브 수	1/1
밸브구동 방식	로커 암
연료분사 방식	DI
VVT/VVL	×/×

㊽ 2.2 Duratorq

배기량	2198cc	캠 배치	DOHC
보어×스트로크	86.0mm×94.6mm	블록 소재	금
압축비	15.7	흡기밸브/배기밸브 수	2/2
최고출력	118kW/3700rpm	밸브구동 방식	로커 암
최대토크	385Nm/1500~2500rpm	연료분사 방식	DI
흡기방식	터보차저	VVT/VVL	×/×

㊾ 3.2 PowerStroke

배기량	3198cc
보어×스트로크	89.9mm×100.8mm
압축비	15.8
최고출력	147kW/3000rpm
최대토크	470Nm/1500~2750rpm
흡기방식	터보차저
캠 배치	DOHC
블록 소재	주철
흡기밸브/배기밸브 수	2/2
밸브구동 방식	로커 암
연료분사 방식	DI
VVT/VVL	×/×

㊿ 6.7 PowerStroke

배기량	6651cc
보어×스트로크	99.0mm×108.0mm
압축비	16.1
최고출력	328kW/2800rpm
최대토크	1166Nm/1600rpm
흡기방식	터보차저
캠 배치	OHV
블록 소재	주철
흡기밸브/배기밸브 수	2/2
밸브구동 방식	로커 암
연료분사 방식	DI
VVT/VVL	×/×

GM

GM은 알루미늄 합금으로 흡배기 양쪽에 VVT를 장착한 1.6 CDTI를 자체적으로 개발. 예전 제휴했던 이스즈나 피아트 등에서 공급받던 기존 소형 디젤 엔진을 이 1.6 CDTI로 점차 바꿔나갈 예정이다. 현재는 오펠 아스트라나 자피라 등에 사용. 또 피아트 제품을 개조한 2.0 CDTI나 직렬4기통 2.8ℓ와 V8 6.6ℓ도 갖추고 있다.

51 1.6 CDTI MDE

배기량	1598cc
보어×스트로크	79.7mm×80.1mm
압축비	16
최고출력	118kW/4000rpm
최대토크	350Nm/1500~2250rpm
흡기방식	터보차저
캠 배치	DOHC
블록 소재	알루미늄 합금
흡기밸브/배기밸브 수	2/2
밸브구동 방식	로커 암
연료분사 방식	DI
VVT/VVL	In-Ex/×

52 2.0 CDTI MDE

배기량	1956cc
보어A×스A스트로크	83.0mm×90.4mm
압축비	16.5
최고출력	125kW/3750rpm
최대토크	400Nm/1750~2500rpm
흡기방식A	터보차저
캠 배치	DOHC
블록 소재	알루미늄 합금
흡기밸브/배기밸브 수	2/2
밸브구동 방식	로커 암
연료분사 방식	DI
VVT/VVL	×/×

53 LWN

배기량	2776cc
보어×스트로크	94.0mm×100.0mm
압축비	16.5
최고출력	135kW/3400rpm
최대토크	500Nm/2000rpm
흡기방식	터보차저
캠 배치	DOHC
블록 소재	알루미늄 합금
흡기밸브/배기밸브 수	2/2
밸브구동 방식	로커 암
연료분사 방식	DI
VVT/VVL	×/×

54 Duramax

배기량	6599cc
보어×스트로크	103.0mm×99.0mm
압축비	16
최고출력	332kW/2800rpm
최대토크	1234Nm/1600rpm
흡기방식	터보차저
캠 배치	OHV
블록 소재	알루미늄 합금
흡기밸브/배기밸브 수	2/2
밸브구동 방식	로커 암
연료분사 방식	DI
VVT/VVL	×/×

03

[TECHNOLOGY TO COMMERCIAL VEHICLES]

상용차의 현재 상태

중량물 적재나 장거리 이동 등, 디젤 엔진의 장점은 양보할 수 없다.

아무리 전동화가 대세라 하더라도 항공기와 선반 그리고 트럭으로 대표되는 상용차는 충전시간 문제나
무거운 전지를 장착한 상태로 이동하는 비합리성 때문에 EV시프트가 현실적이지 않다.
강화되는 규제에 대응할 뿐만 아니라 고객의 요구에도 민감해야 하는 상용차.
그런 상용차의 최신 디젤 엔진을 둘러싼 환경을 들여다 보겠다.

배출가스 정화성능뿐만 아니라 높은 가동률을 뒷받침하는 노하우도 투입

소형 트럭에 투입된 최신예 디젤 엔진

CASE 01 ISUZU [이스즈]

**🔺 17년 연속 판매대
No.1을 이어가는 엘프**

2~3톤급 캡 오버형 트럭의 일본 내
신차판매 대수에서 2001년~2017년
동안 수위를 지킨 엘프. 덤프나 일반
트럭, 밴 등 풍부한 모델이 준비되어
있다.

택배수요 증가 등으로 인해 점점 물류의 주역으로 존재감을 높이고 있는 소형 트럭.
2018년 3월에 발표한 이스즈의 소형트럭용 엔진 4JZ1형은 전면적으로 쇄신한 새로운 파워트레인이다.

본문 : 다카네 히데유키 사진 : 이스즈/MFi 수치 : 이스즈

동력성능 향상

고출력 모델
(129kW/430Nm) 추가

연비개선

높은 최대 연소 압력을
통해 연소효율 향상
최신 연료분사 제어 사용

**환경 성능 향상
배출가스 감축**

세계 최고의 배출가스 규제에 적합
요소SCR 시스템 사용

**장착에
구애 받지 않는
패키지 배치 구조**

근접 DPD화를 통해
요소SCR을 장착하더라도
종전과 같은 장착 성능을 확보

**보수 유지성 향상
유지비용 감축**

보수 주기 연장과 연비 향상으로
유지비용을 감축

**내구 신뢰성
가동 보증**

구조계통의 새로운 설계를 통한
신뢰성 향상

제조품질 향상

신공장/최신설비 도입
추적관리 강화

포스트 포스트 신장기 규제(PPLNT)에 맞추기 위해서 이스즈는
소형 트럭에서는 기존 엔진을 개량하는 방법이 아니라 신형 엔진
개발이라는 계획을 선택. 다양한 시장의 요구를 집약해
만족시킬 수 있는 목표를 명확히 함으로써 개발을 진행했다.

「트럭으로 대표되는 상용차는 중량물을 실어야 하기 때문에 부하가 크므로 전체적인 에너지 효율을 고려하면 100% 전동화는 어렵다고 봅니다.

따라서 화석연료를 포함한 액체연료를 사용하는 엔진의 효율을 높여나가는 노력은 필수라고 생각하고 있습니다.」 이런 얘기를 한 사람은 이스즈자동차 PT상품기획·설계제3부 치프 엔지니어인 하세가와 히사시씨이다.

편의점 배송용 트럭 등과 같이 일부 한정적으로만 이용한다면 EV도 사용할 수 있지만, 사용 폭이 넓은 소형 트럭 전체로 보면 역시나 디젤 엔진이 최적이라고 말한다. 그런 대답이라고 할 수 있는 것이 이번에 이스즈가 개발한 PPLNT(2016년 규제)를 통과한 최신 소형트럭용 디젤인 4JZ1형이라고 한다.

「기존의 소형트럭 엘프에 탑재된 4JJ1형은 사실은 해외에서 판매하는 픽업트럭 등과 같이 쓸 생각으로 개발한 엔진이었습니다. 그러나 2018년 3월에 투입한 4JZ1형은 완전한 엘프 전용, 즉 상용차 전용으로 최적화해서 설계한 엔진이라 할 수 있습니다.」

픽업트럭도 거친 이미지가 있지만 사실은 엔진만 보면 트럭

보조기기 배치도 전면적으로 변경

보어·스트로크는 선대와 똑같지만 블록이나 헤드, 크랭크 샤프트나 피스톤 등과 같은 주요 부품은 새로 설계. 상용차 최초로 i-ART나 소형 상용차 최초로 배기 위상 가변 VVT도 적용했다. 차체 뒷부분에 배치했던 DPD를 엔진에 가깝게 배치함으로써 장착에 여유를 있게 했다.

신형4JZ1 엔진	기존형 4JJ1 엔진

등과 같은 상용차 쪽이 훨씬 가혹하게 사용하는 경우가 많다. 어쨌든 운전자가 교대로 운전하면서 24시간을 가동하는 경우도 흔해서 가동률 측면에서는 비교가 되지 않을 정도라고 한다.

「신형 엔진은 요소SCR 촉매 활용을 전제로 했습니다. PLNT규제(2011년 규제)를 받던 4JJ1형에서는 요소SCR 촉매를 사용하지 않고 배출가스 규제에 맞서려고 했지만, 새로운 규제는 규제강도나 요소SCR에 대한 시장 인지도·보급률을 고려해 모든 차종에서 채택하기로 정했습니다」

기존 4JJ1형에 유로Ⅵ 규제를 통과할 수 있는 SCR를 장착하기에는 시스템 가격이 비쌌기 때문에 이번 4JZ1형에서는 전체적으로 설계를 합리화하는 방법을 취했다.

「SCR을 사용하면 실린더 내 압력을 높여도 NOx를 제거할 수 있으므로 엔진의 연소 효율을 높일 수 있습니다. 그래서 4JZ1형에서는 실린더 블록이나 헤드, 크랭크샤프트나 커넥팅 로드, 피스톤이나 캠 샤프트 같은 엔진의 주요부품이 높은 실린더 내압에 견딜 수 있도록 모두 다시 만들었습니다.」

흥미로운 것은 실린더 헤드를 알루미늄 합금 소재에서 주철 소재로 바꿨다는 점이다. 일반적으로 생각하면 냉각성능의 악화나 중량증가까지 불러오기 때문에 시대에 역행하는 것처럼 보인다.

「알루미늄 합금 사용을 생각하기는 했지만 역시나 실린더 안의 고압을 견뎌내기 위해서는 주철이 더 낫다고 판단한 것이죠. 그래서 냉각성능은 워터재킷을 2단구조로 만들어서 보완하고, 중량증가는 두께를 얇게 하거나 캠 캐리어를 별도의 알루미늄 합금 소재를 사용하는 식으로 대처했습니다.」

캠 캐리어를 별도로 만듦으로써 워터재킷을 2단구조로 만드는 작업이 동시에 이루어진다. 애초부터 이스즈의 소형차용 디젤 엔진은 헤드가 DOHC 4밸브라 마치 승용차의 스포츠용 엔진 같은 스펙을 갖고 있다. 밸브 시트 주위는 열이나 충격에 대한 내구성이 요구될 것이다.

「SCR을 사용해 EGR 사용량을 줄일 수도 있게 되었습니다. 냉각EGR을 사용하는데, 4JJ1형의 2스테이지 터보가 아니라 VGS터보 하나로 과급과 EGR을 맡기고 있죠」

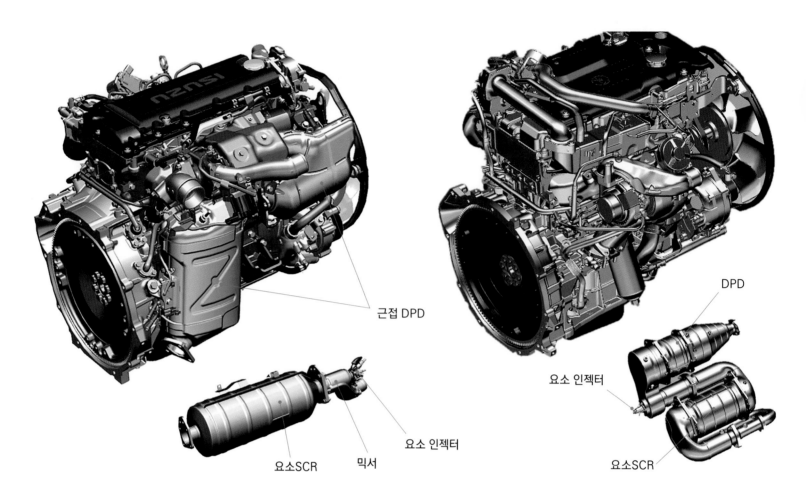

신형4JZ1 엔진

기존형 4JJ1 엔진

근접 DPD

요소SCR 믹서

요소 인젝터

DPD

요소 인젝터

요소SCR

그런 한편으로 배기 쪽 캠 샤프트에는 VVT까지 사용한다.

「엔진의 조기 워밍업이나 내부 EGR을 사용하려는 목적으로 VVT를 이용하고 있습니다.」

디젤 엔진은 스로틀 밸브의 펌핑 손실이 없고 흡기량을 터보의 부스트 압력으로 제어할 수 있어서 흡기 쪽에 VVT를 사용하는 경우가 거의 없다. SCR촉매 사용을 전제로 함으로써 지금까지는 어려웠던 과제도 극복할 수 있었다.

「4JJ1형에서는 SCR촉매가 커서 장착하는데 제약이 있었습니다. 4JZ1형에서는 직접 DPD(Diesel Particulate Diffuser)를 사용하고 SCR촉매의 배치 구조도 연구함으로써, 보디에 장착할 여유를 확보하게 되었죠」

또 인젝터는 덴소 제품인 G4S+i-ART를 사용한다. 이 제품은 연료 분사압력과 분사시간을 파악할 수 있어서 피드백 제어를 통해 세세한 연료분사를 제어함으로써 연비향상에 이바지한다.

「이 i-ART도 전부터 주목하고 있던 기술이라 이번에 도입하기로 한 겁니다」. 연비뿐만 아니라 이 엔진에서는 고출력 모델이라는

새로운 사양도 준비하고 있다.

「표준인 110kW 외에 이번에는 고출력인 129kW도 새롭게 준비했습니다. 이 129kW 사양에서 플라이 휠이나 클러치는 바뀌지만, 엔진 자체는 아직도 잠재력이 남아 있습니다.」

앞으로 보조기기의 추가 등 약간의 개량으로 통해 배출가스 규제에 맞추면서도 더 높은 출력이나 연비 향상을 내다볼 수 있는, 그런 엔진이라는 설명이다.

나아가 가동률을 높이려는 목적 하에 의외의 방향성으로 접근하고 있다. 바로 캠 샤프트가 기어 열(Gear Train)인 것이다.

「기어 트레인으로 한 것은 더 뛰어난 내구성을 추구했기 때문입니다. 노화 오일로 인한 마모를 감안하면 체인보다 기어가 우위이니까요. 그밖에도 오일 노화를 추정하는 방법이나 윤활계통의 최적화 등을 통해 오일교환 주기를 2만km에서 최장 4만km로 늘릴 수 있었습니다.」

디젤 엔진에서 오일을 4만km까지 교환 없이 사용할 수 있다는 사실은 놀라운 일이다. 거의 24시간을 가동하는 곳에서 이 정도의

▼ 새롭게 요소SCR을 사용

 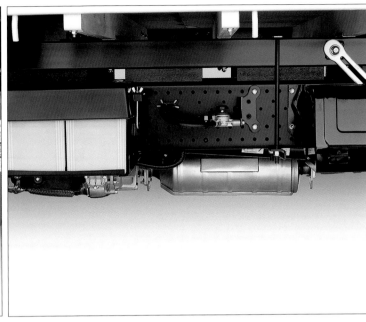

왼쪽 사진이 새롭게 4JZ1 엔진의 엘프에 탑재하게 된 요소탱크. 오른쪽 사진의 중앙부분, 은색 부품이 요소SCR이다. 기존의 4JJ1형에서도 유럽사양에는 요소SCR을 사용했지만 신형4JZ1형에서는 요소SCR 사용을 전제로 설계를 시작, 이런 보조기기 부품의 배치까지 충분히 검토한 상태에서 개발을 진행하고 있다.

메인터넌스 주기라면 큰 영향을 줄 것이 틀림없다.

지금까지 살펴본 이스즈의 소형차용 디젤 엔진에는 이스즈 자동차 본체뿐만 아니라 선행개발 등과 같은 연구 분야를 담당하는 이스즈 중앙연구소의 기술이 들어가 있다. 그래서 이스즈 중앙연구소 연구제1부 부장인 시마자키 나오키씨에게 앞으로의 디젤 엔진의 발전가능성에 대해 들어보았다.

「현재 시점에서 디젤 엔진의 최고 열효율은 이스즈 차 같은 경우 45% 정도인데, 이것을 50%까지 끌어올리기 위해서 연구 중입니다. 이론적으로는 압축비를 높이는 것이 최선이지만, 열손실을 어떻게 억제하느냐가 과제이겠죠. 또 열효율을 높이면 배기온도가 떨어지므로 배기촉매의 정화율을 유지하는 것도 과제라 할 수 있습니다. 이에 관해서는 연구용으로 자체 개발한 캠리스 밸브 트레인을 이용해, 높은 정화율을 유지하기 위한 온도제어 방법에 대해서도 연구하고 있습니다.」

디젤 엔진의 압축비를 높이면 열효율은 좋아지지만 연소 에너지가 팽창에 사용되기 때문에 배기온도가 내려간다.

「앞으로의 큰 과제로 탈(脱)탄소 대응도 들 수 있습니다. 그런 가운데 우리 이스즈가 가진 고효율 디젤 엔진의 기술을 활용할 수 있는, 재생가능 에너지에서 유래된 합성연료를 주목하고 있습니다. 항공기와 트럭, 선박은 에너지 밀도가 높은 연료를 사용해야 하는, 즉 내연기관이 적합하다고 생각하고 있습니다. 그 때문에 앞으로도 계속해서 연구해 나가려고 하는 것이죠」

고독한 자동차 제조사라 할 수 있는 이스즈는 디젤 엔진의 미래에 전력으로 임하고 있는 것이다.

이스즈자동차 주식회사 PT상품기획·설계 제3부 치프 엔지니어

하세가와 히사시
Hisashi HASEGAWA

이스즈자동차 주식회사 연구제1부 부장 박사 (공학)

마자키 나오키
Naoki SHIMAZAKI

심플할 뿐만 아니라 합리적인 디젤 엔진 설계로 세계를 석권

실린더마다 독립된 모듈
시스템이 신뢰를 낳는다.

Illustration Feature
the future of DIESEL ENGINE
DETAIL 3

CASE
02

SCANIA [스카니아]

트럭업계에서 약진하고 있는 스웨덴 출생의 스카니아. 신형 R시리즈도 순조롭게 판매 중이지만,
그런 스카니아가 사용하는 디젤 엔진은 자체비율이 압도적으로 높아서 철저한 모듈화가 큰 매력을 끌어내고 있다.

본문 : 다카네 히데유키 사진&수치 : 스카니아 자팬

스카니아는 스웨덴의 트럭 제조사로서, 대형 트럭에서는 세계 제3위의 생산대수를 자랑한다. 예전에는 승용차나 항공기를 만들던 사브(항공기 부문은 아직 건재하다)와 합병했던 적도 있어서 엠블럼을 기억하는 사람도 많을 것이다.

일본에서는 2004년부터 히노자동차가 판매했다가 본격적으로 뛰어든 것은 2010년으로, 최근의 일이다. 그럼에도 불구하고 근래 급속히 존재감을 높이고 있다. 절대적인 점유율까지는

아니지만 스카니아의 평판은 상승일로이다.

그런 스카니아의 트럭이 풀 모델 변경된 것이 작년이다. 도쿄모터쇼에서 화려하게 데뷔한 신형 R시리즈는 스웨덴에서도 21년 만에 새로워진 모델이다.

이 R시리즈에 탑재된 출력 장치가 이번에 주목 받은 디젤 엔진이다.

신형 R시리즈는 유럽에서 16년에 등장했는데, 독일의 대형 트럭 연비경쟁에서 스카니아가 3년 연속으로 No.1을 차지했다고 한다.

🔻 모듈러 엔진을 일찍 사용

OHV로 푸시로드를 통해 흡배기 밸브를 구동하기 때문에 실린더 헤드는 각 실린더마다 독립되어 있다. 그 때문에 사진 속 작업자처럼 혼자서 탈착할 수 있다. 3종류의 엔진에서 공통된 헤드를 사용하기 때문에 수리용 재고를 최소한으로 유지할 수 있다.

Cabs

Engines

Gearboxes

Axels

Frames

Trucks

Buses

Engines

🔺 심플할 뿐만 아니라 합리적인 모듈의 장점

🔺 DC16 유로6 V8 디젤

🔺 DC13 Euro 6 L6 디젤

스카니아 제품의 3대 기둥은 트럭, 버스, 산업용 엔진이다. 트럭은 P/G/
R 3종류가 있어서 각각 엔진이나 변속기, 뒤축, 캡 형상, 프레임 강도
등을 선택할 수 있다. 차체나 엔진 모두 합리적인 모듈 구조를 적용한다.
직렬6기통인 DC9, DC13과 V8 엔진인 DC16은 스트로크만 다를 뿐
연소실은 공통이다. 보조기기 배치도 거의 공통이라 그만큼 비용을 들인
부품제조도 가능하다.

게다가 현행 엔진인 DC9, DC13, DC16은 EGR을 사용하지 않고도 강력한 유로6을 통과하고 있다. 그런 발상과 구조가 실로 독특한 것이었다.

「당사에서는 1940년부터 엔진 구조에 모듈화를 도입하고 있습니다.」

이렇게 설명하는 사람은 스카니아 자팬 영업본부의 엔진 세일즈 시니어 매니저인 마야마 하루유키씨이다. 타사가 설계하거나 생산하는 수준에 머물러 있을 때, 스카니아의 모듈 구조는 조립 후에 사용자가 사용하다가 보수·유지하는 것까지 고려했다고 한다.

밸브를 구동하는데 OHV를 사용하기 때문에 실린더 헤드가 실린더마다 독립된 구조를 하고 있을 뿐만 아니라, 헤드는 3종류의 다른

배기량 엔진 모두에서 공통으로 사용한다.

「보어를 130mm로 통일해 피스톤과 실린더 헤드를 모든 엔진에서 똑같이 사용하고 있습니다. 그 때문에 9ℓ로 하면 엔진이 약간 크고 무거워지기는 하지만 다른 부분에서 경량화하고 있고, 개발비용을 1종류의 엔진에 집중할 수 있어서 확실하게 연소를 제어할 수 있는 겁니다.」

실린더 헤드를 독립한 것은 정비성능을 크게 향상시킬 뿐만 아니라, 딜러에서는 수리부품 재고를 크게 줄일 수 있다는 장점이 있다. 보조기기에 비용을 투입하는 것이 아니라 모듈화를 통해 엔진에만 비용을 투입하겠다는 것이 기본적인 입장인 것 같다.

그렇다 하더라도 연소에서 엄격한 배출가스

규제를 통과하는 일은 쉽지 않기 때문에 SCR 촉매를 적극적으로 활용하고 있다.

「2007년부터 현행 엔진을 도입하고 있는데, 15년에는 DC13에서 EGR을 사용하지 않고도 410ps 사양으로 진화되었죠」

엔진이나 변속기를 자체적으로 제작하는 것이야 특별할 것이 없지만, 놀랍게도 ECU나 연료분사 장치까지 자체에서 만든다고 한다.

「서플라이어한테서 구입하면 비용을 낮출 수는 있지만 타사와 차별화하지는 못 합니다. 당사로서는 최적의 시스템을 구축함으로써 타사보다 경쟁우위에 설 수 있다고 봅니다.」

그리고 EGR을 사용하지 않는 이유는, 그것이 사실은 단순한 생각 때문이었다.

「움직이는 부분을 줄임으로써 장기적인

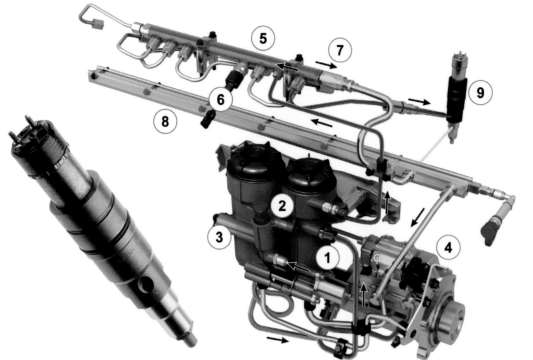

◉ 스카니아 XPI 인젝션 시스템

스카니아의 독자적 커먼레일 분사 시스템. 연료분사 압력은 240MPa로 높은 편이지만 분사횟수는 3단계. ECU나 연료펌프, 인젝터까지 자체적으로 개발하고 생산한다. 부품으로서의 성능을 추구할 뿐, 필요 이상으로 고기능화나 고속화하지 않고 자사 엔진에 최적인 시스템을 구축할 수 있어서 신뢰성도 확보하기가 쉽다.

① Low-pressure pump
② Fuel filters with water separator
③ Inlet metering valve
④ High-pressure pump
⑤ Rail (accumulator)
⑥ Rail pressure sensor
⑦ Mechanical dump valve
⑧ Return rail
⑨ Electronically controlled fuel injector

▼ 배출가스 후처리 시스템/
유로6/PGRT

배출가스는 DOC, DPF를 통과해 하단의 SCR 챔버로 들어간 다음 특수한 형상의 믹스처에 의해 암모니아와 혼합된다. 그 뒤 이웃한 SCR 촉매와 암모니아 슬립 촉매를 거쳐 밖으로 배출된다. 요소수는 엔진 냉각수를 이용해 뜨거워지고, 인젝터로 압송된 다음 ECU에 의해 분사량이 정밀하게 제어된다.

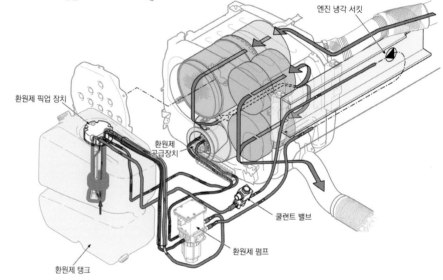

내구성, 신뢰성을 확보할 수 있습니다. 터보도 VG가 아니라 전통적인 터빈을 사용하는 것도 같은 이유입니다. EGR을 사용하지 않으면 배기가스 압력을 조정할 필요도 없기 때문에 VG가 아니어도 되는 것이죠」라고 설명하는 사람은 프리 세일즈 사업부의 어플리케이션 엔지니어인 와카마츠 데츠야씨.

그러나 EGR을 사용하지 않으면 NOx 발생을 억제할 수 없으므로 요소SCR의 분사량이 많아지지 않을까. 그로 인해 연료와 요소의 전체 비용이 걱정이 된다. 또 요소가 많아지면 암모니아가 발생하는 양도 증가하지 않을까. 이런 의문점들을 던져보았다.

「분명 EGR을 사용하는 경우와 비교하면 요소 사용량이 많아집니다. 그러나 연비도 좋아지기 때문에 전체적인 연료비용이 높아지는 것은 아닙니다. 새로운 차체는 경량화나 공력특성의 개선을 통해 연비를 5~10% 개선하기도 했습니다.」

예전에 스카니아 본사에서 연료분사 엔지니어로 일했던 스카니아 자팬 집행임원으로, 프리 세일즈 사업부장인 마커스 세겔스테드씨가 명확히 설명해 주었다. 잔류 암모니아에 관해서는 세밀한 제어를 통해 억제

하고 있다고 한다.

「보디와 엔진의 모델 변경 사이클이 달라서 한 번에 모든 것을 변경하지 않고 실적 있는 부분만 이월하는 것은 유럽 자동차 제조사 대부분이 하는 방식이죠」(마야마씨)

확실히 독일에서는 보디에 비해 엔진의 모델 사이클이 긴 편인데, 더구나 스카니아는 트럭답게 보디(섀시)의 모델 사이클도 길다. 그만큼 개발기간도 오래 가져갈 수 있는 것이다.

「시작차를 사용자로 하여금 타보게 할 때도 있습니다」(마야마씨)

이것은 일본에서는 조금 생각하기 어려운 대범한 개발 방식이다.

또 세계적으로 3사만 존재하는, 스키장 정비차 제조사 가운데 한 곳인 일본의 오하라철공소의 설상차(雪上車)「라이진(RIZIN)」에는 스카니아의 산업용 엔진이 사용되고 있다.

「우리 엔진은 연소온도가 높다는 특징이 있습니다. 그로 인해 저속회전 영역의 굵은

● 전동화에도 대응

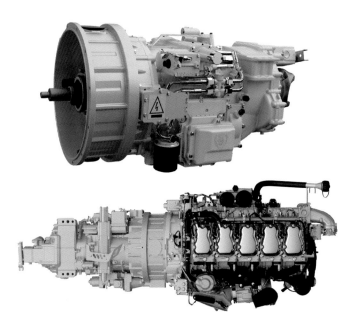

디젤 엔진 이외의 에너지 자원을 이용한 모든 출력 기관까지 검토·개발 중인 스카니아. 물론 전동화에도 적극적으로 대처하고 있다. 2015년에는 우측 사진처럼 엔진과 변속기 사이에 모터를 장착한 하이브리드 트럭도 판매했다. 현재는 전력을 공급받아 특정 노선에서 EV로도 달릴 수 있는 트롤리형 하이브리드 트럭도 실증실험 중이다.

토크 특성을 실현하고 있죠. 그 때문에 기존보다 200rpm이 낮은 회전수에서 운전할 수 있어 실제 연비가 좋을 뿐만 아니라 정숙성도 좋아진 겁니다.」

이 엔진의 기본적 구조는 트럭용과 똑같지만 배출가스 규제 차이도 있어서 DPF가 없다는 점도 특징이다.

「DPF의 재연소가 많으면 그것이 업무에 지장을 초래할 때도 있습니다. 현행 산업용 엔진은 배출가스 규제를 DPF 없이 통과하고 있기 때문에 그런 수요에 대응할 수 있죠」 (영업본부 기획개발 시니어 매니저 히로오카 마사유키씨)

혹한 지역에서는 DPF가 막힐 때도 있으므로 그런 트러블을 피하겠다는 생각도 라이진 (RIZIN)에 스카니아 엔진을 사용한 이유였던 것 같다. 최신기술에 구애받지 않고 실제로 오랫동안 사용할 수 있어야 한다는 점을 중시해 사용하기 편하게 내구성이 높은 사양으로 완성한 것이다.

「조작하는 사람이 사용하기 편리한 도구를 제공해야 한다, 결국은 이것으로 귀착된다고 생각합니다.」(마야마씨)

작업용 자동차를 116년 동안 만들어온 스카니아. 그 실적을 바탕으로 만들어진 엔진은 흔들림 없는 신념과 사상의 결정체였다.

● 스카니아의 트랙터 모델들

스카니아에는 트랙터와 트럭, 심지어 트럭에서는 차축 수나 전장 등이 다른 다양한 모델들이 있다. 그러나 탑재하는 엔진은 기본적으로 공통일 뿐만 아니라, 앞 유리창까지도 공통 부품이다. 이것도 파손되었을 때 신속하게 수리할 수 있게 하기 위해서이다.

● 세세한 품질관리와 제조방법

본사 부지 안에 있는 창업 당시 건물에서 엔진 블록 등을 사출형으로 제조한다. 내부 설비는 최신 상태를 유지하면서, 주위에 위치한 조립공장에서 엔진이나 섀시를 완성한다. 모듈화는 부품의 품질향상에도 이바지한다.

스카니아자팬 주식회사 집행임원

마커스 세겔스테드
Marcus SEGERSTEDT

스카니아자팬 주식회사 영업본부 엔진세일즈 시니어매니저

마야마 하루유키
Haruyuki MAYAMA

스카니아자팬 주식회사 프리세일즈사업부 어플리케이션 엔지니어

와카마츠 데츠야
Tetsuya WAKAMATSU

스카니아자팬 주식회사 영업본부 기획개발 시니어매니저

히로오카 마사유키
Masayuki HIROOKA

디젤·하이브리드를 둘러싼 환경과 상태

승용차 동력과 비슷하면서도 다른 건설기계의 동력

Illustration Feature
the future of **DIESEL ENGINE**
DETAIL 3

CASE
03

TOYOTA INDUSTRIES CORPORATION [토요타자동직기]

48V 마일드 HV나 PHEV가 속속 등장하는 추세인데도 DE+HV 조합의 동력 시스템은 왜 나타나지 않는 것일까.
그런 가운데 「사람과 차의 테크놀로지 전시회」에 출품된 디젤 하이브리드가 눈길을 끌었다

본문&사진 : 미우라 쇼지   수치 : 토요자동직기/히타치건설기계

토요자동직기
1KD 하이브리드

히타치건설기계가 굴착기 동력을 하이브리드화해 달라는 요구로 개발된 파워 장치. 베이스 엔진은 랜드크루저 프라도(90/120계) 등에 쓰이고, 토요자동직기의 지게차에도 탑재토되었던 1KD-FTV 3.0ℓ 직렬4기통이다. 주행용이 아니라 유압발생 장치로 작동시키기 때문에 성능을 125kW/3400rpm(120 프라도용)부터 74kW/2000rpm으로 대폭 변경했다. 거기에 44kW짜리 전동모터를 추가한 사양이다.

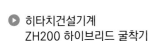

히타치건설기계
ZH200 하이브리드 굴착기

위 엔진이 탑재된 히타치건설기계의 ZH200-6. 기존 모델은 5.2ℓ 직렬6기통 디젤 엔진을 탑재했었지만 1KD-HV로 바꿔서 연비를 크게 낮추었다. 동시에 CO_2 배출을 1할 이상 줄이면서 특정 특수자동차 배출가스 규제법(오프로드법) 2014년 기준에 요소SCR 없이도 맞출 수 있다. 주동력 외에 기체 선회용으로 별도의 전동모터를 사용한다.

이 기계는 2000년부터 토요타 랜드크루저 프라도나 하이에스, 13년부터 토요자동직물기계(豊田自動織機)의 굴착기에 사용되어 왔던 1KD-FTV를 바탕으로, 전동모터를 장착해 하이브리드로 만든 엔진이다. 토요자동직기가 개발·제작을 담당하는 토요타의 중형 디젤 엔진은 다운 사이징한 GD계열로 교체해 가는 과정이다. 구형 엔진을 하이브리드로 변신시키는 것에 의미가 있을지 이상하게 생각할 지도 모르지만, 이 엔진은 승용차

용이 아니라 건설기계, 그것도 특정 굴착기를 위해서 만든 엔진이다.

「엔진 속을 이야기하기 전에 건설기계의 세계를 먼저 설명해야 겠네요」라고 운을 떼는 사람은 토요타자동직기의 개발 리더인 구스모토 아키히코씨. 그리고 옆에는 제어계통 담당인 아오키 히데키씨가 동석해 주었다.

건설기계용 동력은 시장규모가 작아서 거의가 트럭용 엔진을 활용한다. 그런데 건설기계는 엔진을 주행하는데 변속기와 세트로

사용하지 않고 ① 암(Arm) 작동, ② 터릿(Turret)의 선회, ③ 전후진이라는 움직임을 모두 유압에 의존한다. 이 유압이 발생하도록 해주는 동력이 디젤 엔진으로서, 승용차나 트럭처럼 속도에 맞춰서 회전수가 변동하지 않는다.

엔진은 항상 일정 회전수로 돌고, 운전자는 유압 유량을 조정하기 위해서 부하를 제어한다. 유압이 필요 없을 때(저부하)는 엔진은 일을 하지 않고 돌기만 할 뿐이다.

엔진이 2000rpm 부근의 일정한 회전으로 돌면 4000rpm까지 돌기도 하는 승용차용 보다 일이 편할 것이라고 생각할 수도 있으나 그렇지만도 않다. 스톱&고 기능이 없기 때문에 엔진은 항상 돌아야 한다. 이것을 주행거리로 환산하면 30만km 이상의 내구성도 필요하다.

성능의 우선순위는 첫 번째로 일단 출력을 발휘하는 것이다. 연비 때문에 출력을 낮추는 경우는 없지만, 연비향상에 대한 요구가 해마다 높아지고 있는 것 또한 사실이다. 또「특정 특수자동차 배출가스 규제법」, 통칭 "오프로드법"인 배출가스 규제도 존재하는데, 이 규제는 일반적으로 트럭용 엔진에 근거하고 있어서 이미션 대책도 필요하다.

건설기계에서 엔진을 사용하는 행태를 조사해 보면 출력의 70~80% 정도를 상시적으로 사용하는 식이고, 최대출력을 필요로 하는 경우는 드물다고 한다. 그렇다면 HV화와 동시에 엔진의 다운사이징을 통해 연비를 향상시키고, 순간적인 고부하 요구가 있을

▼ 배출가스 후처리 장치의 구성

 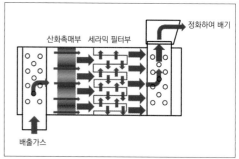

왼쪽 끝이 산화촉매(DOC)이고 중앙부분이 DPF. 우측 끝의 머플러 앞으로 보이는 것이 A/F 센서. 건설기계의 혹독한 사용방법에서 기인하는 짧은 정비 기간을 감안해 정기적 요소수 보충이 필요한 요소SCR은 사용하지 않는다. 승용차와 달리 보조기기 설치 공간에 상당히 여유가 있어서 배출가스 장치도 그 나름대로 체적이 큰 편이다. DPF는 4500시간마다 청소한다. 일반적인 승용차의 주행거리로 환산하면 13만km 이상에 해당한다.

▼ 건설기계에 맞게 만든 저압EGR

 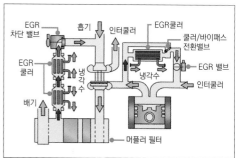

요소SCR 없이 사용하기 위해서 새롭게 추가한 저압EGR. NOx 흡장촉매는 없지만 승용차용과 달리 일정한 회전(≒2000rpm)에서 작동되기 때문에 엔진 효율점에 맞출 수 있다. 때문에 승용차용 같은 중층 시스템은 필요하지 않은 것이다. 엔진 본체의 피스톤 헤드면 개량을 통해 스모크 발생은 억제했으나 사용 환경 상 배기가스가 고온으로 올라가는, DPF 재생을 위한 연료분사를 임의대로 차단할 수 있다는 점이 특징이다.

◉ 하이브리드 시스템의 작동 흐름도

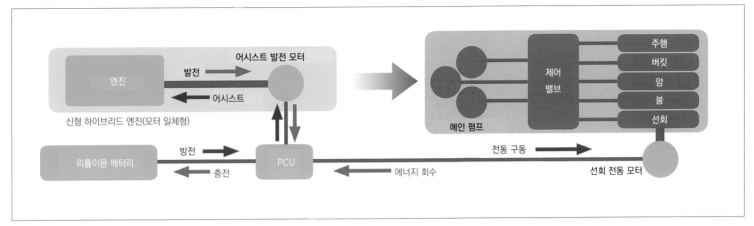

엔진 회전수를 일정하게 해 운전하면서 부하가 엔진 출력 이상으로 올라가면 모터가 어시스트하는 구조. 저부하에서 배터리 전력에 여유가 있을 때는 모터는 발전이나 작업을 하지 않고 단순히 엔진을 따라서 돌기만 한다. 다만 배터리 전력가 적을 때는 엔진 힘으로 발전(發電)한다. 엔진과 모터가 직결 되어 있어서 모터만 움직이는 모드는 없다. 모터는 엔진 어시스트용과 기체 선회용 두 가지가 있는데, 엔진 어시스트 용은 전력 회생은 안 되지만 선회용은 감속할 때 에너지 회생이 된다.

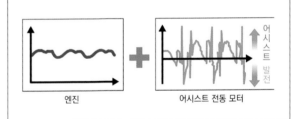

◉ 건설기계용다운 특징

정지하면서 작업하는 건설기계는 승용차처럼 주행풍을 받을 수 없어서 냉각 팬이 승용차용보다 배 이상 크다. 엔진오일 용량도 승용차의 배 이상인 19ℓ나 된다. 이것은 경사진 곳에서 작업 할 때 스트레이너에서 오일을 빨아들일 수 없으므로 유압 높이를 확보한다는 점과 보수유지에 대한 수고를 줄임으로써 오일교환 빈도를 낮추려는 목적 때문이다. 전장품은 트럭 용인 24V 전압 이지만, 스타터 모터는 어시스트 모터 외에 직결 유압펌프를 돌려야 해서 승용차의 2배나 되는 큰 토크를 발생하는 것을 사용한다.

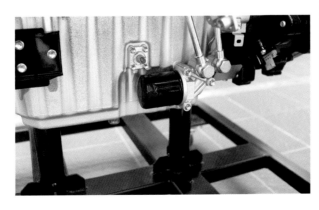

때는 모터로 대응하면 되겠다고 건설기계 제조사인 히타치는 생각했다.

그리고는 모터나 제어장치를 조사해 나갔다. 그러다가 지게차용 등의 모터 제작에 실적이 있는 토요자동직기와 연결되었고 이야기를 진행한 결과, 엔진을 포함한 하이브리드 시스템을 제공 받기로 결론 난 것이 2012년이었다고 한다.

히타치 측에서 주안점으로 원한 것은 먼저 기존의 5.2ℓ 직렬6기통과 동등한 용적이어야 할 것. 그리고 SCR없이 작동하는 것이었다. 트럭용뿐만 아니라 오늘날의 디젤 엔진에서는 NOx 대책에 요소SCR이 필수적인 장치이지만, 건설기계 현장에서는 보수유지 측면에서 요소수 보충이 필요한 SCR은 짐으로 작용한다. 히타치가 DE개발 경험이 풍부한 토요자동직기에 꽂힌 것은 SCR을 사용하지 않고 엔진을 만들 수 있다는 점도 큰 이유였던 것 같다.

후처리 장치는 산화촉매와 DPF뿐이고 고압EGR 외에 새롭게 저압EGR을 추가했다. 이로써 출력점에서 약 30%의 EGR율로 0.4kg/Wh라고 하는 NOx 규제값에 대응한다. 주요 변경사항으로는 터보차저의 컴프레서를 대형화하고, 연소실 형상을 새로운 GD계열과 마찬가지로 2단 연소실로 만들어 스모크를 억제하는 한편, 보조기기용 전장품을 24V화한 것이다.

건설기계용답다고 생각되는 부분은 HV이면서 전력회생을 하지 않는다는 점(차체에 장착된 선회용 터보는 회생한다), 엔진과

모터가 직결되어 있어서 형태 상으로서는 직렬방식이라도 메인 동력은 어디까지나 엔진이라는 점 같은 것들이다.

엔진은 출력점의 정격운전을 하고서 거기에 효율을 맞추는 식이기 때문에, 회생에 의한 배터리 입출력이 오히려 손실로 작용하는 것 같다. 모터 주변이 역할을 못 해도 엔진만으로 작업을 계속하는 상황도 중요시된다.

독특한 것은 DPF 재생을 임으로 차단할 수 있다는 점이다. 현장에서는 배기관 주변에 가연물질이 있을 수도 있으므로 재생용 연료 분사로 인해 고온이 되는 것을 미리 막을 수 있도록 되어 있다. 또 시스템 설계의 우선권은 앞서 언급했듯이 「체적」이지 중량에 대해서는 전혀 개의치 않았다.

그도 그럴 것이 건설기계는 암 끝에 연결하는 어태치먼트에 중량이 크게 걸리기 때문에 엔진이 추 역할을 하지 않으면 작업 중에 자체가 뜰 수도 있기 때문이다! 물론 일부러 무겁게 하는 경우도 없지만 승용차 상식에만 젖어 있던 입장에서는 「가벼운 것은 금물」이라는 사실이 놀라울 뿐이었다.

이 엔진이 건설기계 전용이기는 하지만 승용차용으로 활용할 가능성은 없냐고 질문했더니 「그렇게 하려는 생각자체가 없습니다」는 구스모토씨는 단언했다. 그렇다면 질문을 바꿔서, DE+HV같은 시스템은 승용차용으로 전용이 가능하지 않느냐는 질문에 「아마도 가격이 문제겠죠. 마일드 하이브리드는 가능하다고 생각합니다」는 대답이었다.

이번 특집에서 별도로 다루고 있지만, 어쨌든

DE의 배출가스 처리장치는 돈이 들어간다. 거기에 모터와 배터리까지 추가하면 수요가 많은 2~2.5ℓ 클래스에서는 상식적인 판매 가격에 맞추기 힘들다. 그러나 DE자체의 수요는 확실히 존재하는 편이어서 토요자동직기 공급량도 GD계열 투입 이후에는 꾸준히 상승추세라고 한다.

「특히 동남아시아에서 수요가 활발합니다. 그런 지역에는 역시나 가격을 중시한 싼 엔진이 필요한데, 건설기계용도 볼륨 측면에서 새로운 전용 설계 제품을 만들기 힘들다는 사정은 똑같습니다. 그렇기 때문에 산업용으로도 실적을 쌓은 1KD를 베이스 엔진으로 삼아 지역이나 용도에 맞춘 배출가스 장치·보조기기를 조합한 모듈화가 중요하리라 봅니다.」

굳이 기본 설계인 구형 KD계열에 하이브리드 시스템을 조합한 이유가 납득이 되었다. 오프로드법의 독특한 점은 개별 엔진으로 벤치 테스트 상에서 시험인증을 하는 부분으로, 이미 인증이 끝난(2014년 기준 74kW급) 이 엔진 같은 경우는 이 상태에서 다른 어플리케이션에 사용할 수 있다. 또 유럽과 미국, 일본에서 규제값이나 측정법에 대해서도 연대를 모색하고 있기 때문에 세계적으로도 전용이 가능한 것이다.

타 기종에 사용하는 것과 관련해서는, 「상세한 것은 밝히기 어렵지만 접촉은 하고 있습니다」라고 한다. 세계적으로도 진기한 앞으로의 DE+하이브리드 전개에 귀추가 주목된다.

토요자동직기
엔진사업부 기술부
개발제2실
제24그룹
그룹매니저

구스모토 아키히코
Akihiko KUSUMOTO

토요자동직기
엔진사업부 기술부
개발제2실
워킹리더

아오키 히데키
Hideki AOKI

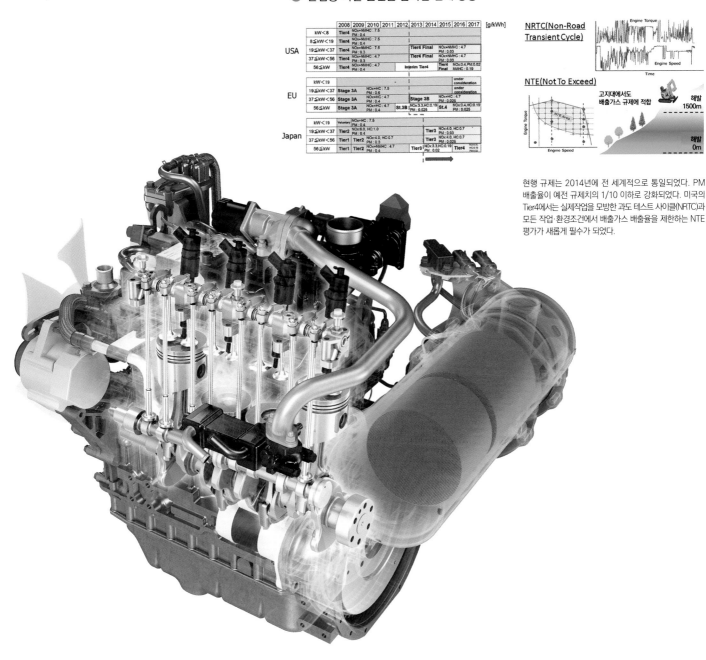

▼ 산업용 디젤 엔진을 둘러싼 현재 상황

		2008	2009	2010	2011	2012	2013	2014	2015	2016	2017	[g/kWh]
USA	kW<8	Tier4 NOx+NMHC : 7.5 PM : 0.4										
	8≤kW<19	Tier4 NOx+NMHC : 7.5 PM : 0.4										
	19≤kW<37	Tier4 NOx+NMHC : 7.5 PM : 0.3				Tier4 Final NOx+NMHC : 4.7 PM : 0.03						
	37≤kW<56	Tier4 NOx+NMHC : 4.7 PM : 0.3				Tier4 Final NOx+NMHC : 4.7 PM : 0.03						
	56≤kW	Tier4 NOx+NMHC : 4.7 PM : 0.4				Interim Tier4			Tier4 Final NOx:0.4, PM:0.02 NMHC : 0.19			
EU	kW<19	-						under consideration				
	19≤kW<37	Stage 3A NOx+HC : 7.5 PM : 0.6						under consideration				
	37≤kW<56	Stage 3A NOx+HC : 4.7 PM : 0.4				Stage 3B		NOx+HC : 4.7 PM : 0.025				
	56≤kW	Stage 3A NOx+HC : 4.7 PM : 0.4				St.3B NOx:3.3,HC:0.19 PM : 0.025		St.4 NOx:0.4,HC:0.19 PM : 0.025				
Japan	kW<19	Voluntary NOx+HC : 7.5 PM : 0.4										
	19≤kW<37	Tier1 NOx:6.0, HC:1.0 PM : 0.4						Tier3 NOx:4.0, HC:0.7 PM : 0.03				
	37≤kW<56	Tier1 Tier2 NOx:4.0, HC:0.7 PM : 0.3						Tier3 NOx:4.0, HC:0.7 PM : 0.025				
	56≤kW	Tier1 Tier2 NOx+NMHC : 4.7 PM : 0.4				Tier3 NOx:3.3,HC:0.19 PM : 0.02		Tier4 NOx:0.4 HC:0.19 PM:0.02				

NRTC(Non-Road Transient Cycle)

NTE(Not To Exceed)

고지대에서도 배출가스 규제에 적합

해발 1500m
해발 0m

현행 규제는 2014년에 전 세계적으로 통일되었다. PM 배출율이 예전 규제치의 1/10 이하로 강화되었다. 미국의 Tier4에서는 실제작업을 모방한 과도 테스트 사이클(NRTC)과 모든 작업·환경조건에서 배출가스 배출율을 제한하는 NTE 평가가 새롭게 필수가 되었다.

Tier4에 대응해 스위스 PN규제를 통과할 수 있는 신형 TNV 엔진

산업용과 농기계용 디젤에서 혁신을 계속하는 기술 제조사

Illustration Feature
the future of DIESEL ENGINE
DETAIL 3

CASE 04

YANMAR [얀마]

디젤 엔진이 활약하는 장소는 승용·수송 분야뿐만이 아니다. 산업분야나 농기계분야에서는 디젤 엔진이 주역이다. 일본 굴지의 산업·농기계 디젤 엔진 제조사인 얀마에 환경규제의 현재 상황까지 섞어서 이야기를 물어보았다.

본문 : 가와시마 레이지로 사진 : MFi 사진&수치 : 얀마

디젤 엔진을 탑재하는 차량은 승용차나 대형 상용차뿐만이 아니다. 산업용 기계로 불리는 제품 가운데 건설기계나 농업기계, 공장 현장이나 광산·공장에서 활약하는 대형특수 자동차 대부분은 디젤 엔진을 탑재하고 있다. 그런 디젤 엔진의 현재 상태와 미래에 대해 얀마에게 물어보았다.

「당사가 만드는 디젤 엔진은 승용차에 탑재되는 것과는 배경이나 환경이 전혀 다릅니다. 예를 들면 2013년에 시장에 내놓은 새 TNV 시리즈에는 기본형이라 할 수 있는 것이 51가지나 되는데, 그것을 완성품 제조사의 사양에 맞춰서 변경한 다음에 납품하고 있죠. 그 종류가 2000가지를 넘습니다. 그만큼 당사의 엔진을 장착하는 차량·기계가 다양하다는 증거이죠」

얀마가 생산하는 산업용 디젤 엔진은 놀랄 만큼 폭넓은 용도로 사용되고 있다. 트랙터나 콤바인 같은 농업기계, 휠 로더(Wheel Loader)나 굴착기(Back Hoe) 등과 같은 건설기계를 비롯해 제설기나 공장·공사현장에서 사용되는 캐리어, 그밖에 선박이나 발전기 등에도 탑재된다.

예를 들면 대형 공사현장에서 사용하는 자동차가 고장이 나서 작동이 안 되면 그것이 1시간이라도 막대한 손해를 끼치게 된다. 그 때문에 산업용 디젤 엔진은 요구되는 기능을 다 갖춰야 하는 것은

🔻 세계 최초로 스위스 PN규제에 적합 「새 TNV 엔진 시리즈」

배출가스 규제를 통과할 수 있는 장치로 커먼레일 시스템과 냉각EGR을 새로 채택. 그리고 고부하 영역에서도 깨끗하고 충분한 작업성을 확보하기 위해서 배기 후처리 장치로 DPF를 적용했다. 또 제어 소프트 쇄신을 바탕으로 한 독자적 PDF 재생기술을 개발. 엔진 각 부분의 상태량을 물리 모델에 산출한 다음, 그를 통해 운전 상태에 맞게 엔진을 최적으로 제어함으로써 공해성을 줄이는 동시에 DPF가 막힐 위험성이나 재생빈도를 낮추는 것이다.

🔵 선진기술을 대폭 적용한 YT시리즈

새 TNV 엔진을 탑재할 얀마 제품으로는 트랙터 「YT」시리즈가 유력하다. 넓은 시야를 확보한 캐빈에 인체공학에 기초하여 각종 스위치와 레버를 배치. 고효율 무단변속 트랜스미션인 HMT를 통해 제로에서 최고속도까지 부드러운 변속이 가능하다.

🔵 신형 산업용 고출력 디젤 엔진도 조만간 등장할 예정

2018년 4월에 발표된 고출력 산업용 디젤 엔진 2기종 「4TN101」과 「4TN107」은 유럽의 차기(2019년 적용) 배출가스 규제인 EU Stage V에 대응. 「4TN107」에는 2스테이지 터보차저 사양을 준비해 동급 최고의 고출력 밀도인 34kW/ℓ를 자랑한다.

4TN107   4TN101

두말할 필요도 없고, 거기에 절대적인 신뢰성과 내구성까지 뒷받침 되어야 한다. 이렇게 현장에서 요구되는 것들은 디젤 엔진의 특징인 저연비와 높은 신뢰성, 높은 내구성과 맞닿아 있다. 때문에 산업용 기계에 디젤 엔진을 사용하는 것이다.

한편으로 배출가스 규제의 파도는 산업용 디젤 엔진에도 밀려 오고 있다. 앞 페이지 표는 각 나라와 지역별 배출가스 규제를 나타낸 것 이다. 2013년부터 미국에서는 Tier4 규제가, 유럽에서는 Stage3 규제를 실행하게 된다. 그 이듬해부터는 일본에서 특수자동차 3차 배출가스 규제를 실행하면서 글로벌 추세에 보조를 맞춰나갔다.

이것이 지금까지 현행 규제로 이어지고 있다. 규제에 따르면 PM 배출율이 예전 규제값의 1/10 이하일 정도로 대폭 강화되었다. 또 가장 규제가 심한 스위스에서는 PN(Particulate Number=PM 의 입자수)과 관련한 규제가 도입되었다.

산업용 디젤의 배경으로 배출가스 규제는 완성품(차체 등)이 아니라 엔진 제조사가 맞춰야 한다는 점도 눈길을 끈다. 얀마가 완성품 제 조사의 요구에 맞춰서 주문·제작한 뒤 엔진을 제공하기는 하지만 그것은 토대가 되는 엔진 형식의 범위 내에서 이루어진다. 때문에 베이스 엔진은 상당히 뛰어난 만능성·유연성이 요구된다. 실로 깊이가 있는 세계인 것이다.

얀마의 새 TNV 엔진 시리즈는 얀마 디젤 엔진의 장점인 저연비, 고출력, 신뢰성은 기존처럼 유지해 오면서도 깨끗하게 진화시킨 것이라 할 수 있다.

배기량은 최소 1.0ℓ부터 최대 3.3ℓ까지 있다. 6kW에서 56kW 까지의 출력 범위를 자랑한다. 그 가운데 19kW부터 56kW까지의 출력 범위는 배출가스 규제에 맞추기 위한 장치로 새롭게 커먼레일 시스템과 냉각EGR을 적용. 나아가 고부하 영역에서도 깨끗하고 충분한 작업성을 확보하기 위해서 배기 후처리 장치로 Diesel Particulate Filter(DPF)를 적용했다. 그런데 사실 이 정도는 자동차 관계자한테 새로운 것은 아니다. 하지만 산업용 디젤 엔진 특유의 배경에서 개발된 기술이라는 것을 알고나면 재미있는 사실을 알 수 있다.

그것은 제어 소프트 쇄신을 바탕으로 한 얀마 독자의 DPF 재생 기술이다. 엔진 각 부분의 상태량을 물리 모델에 기초해 산출한 다음 운전 상태에 맞게 적절하게 엔진을 제어한다. 그를 통해 공해성을 낮추면서 더불어 DPF가 막힐 위험성이나 재생빈도를 낮추는 것 이다.

DPF는 PM을 포집하면 배기압력이 상승해 EGR이 과다하게 되고 PM배출량은 증가한다. 그 때문에 EGR 가스유량의 적절한 제어를 통해 DPF가 막힐 위험성과 DPF의 재생빈도 저감이 요구된다. 이것이 그야말로 절실한 것이다. 그도 그럴 것이 산업용 기계에서는 DPF 재생 운전을 위한 작업정지가 업무효율 저하로 직결되기 때문이다. 그 때문에 DPF와 관련된 과제해결은 사용자 요청이 높은 편이어서, 소프트와 하드 양쪽에서 신기술을 투입해서라도 해결할 필요가 있었던 것이다.

여기서 한 가지, 승용차 세계에서는 전동화가 진행되고 있는데 산업기계의 동력원은 향후 어떤 방향으로 나아갈까?

「소형 제초기 등은 서서히 전동화될 것으로 봅니다. 하지만 현재 디젤 엔진을 탑재하고 있는 건설기계·농업기계 등을 전동화하는 일은 간단하지 않습니다. 이런 기계들은 전기가 없는 장소에서 일하는 경우가 많고, 또 만에 하나라도 전지가 방전되어 작동하지 않게 되면 복구하는 일도 큰일이죠. 배터리 성능이나 배터리 내구성 수명을 보면 알 수야 있겠지만 실용측면을 고려하면 쉽게 전동화를 진행 하기는 어렵다고 봅니다. 산업용 디젤 엔진에는 가솔린 엔진이나 전기가 없는 절대적인 장점이 있는 것이죠」

마지막으로 2018년 4월에 얀마가 발표한 새 엔진 이야기에 대해 물어보았다. 얀마 최초의 고출력 산업용 디젤 엔진 2기종인 「4TN101」과 「4수107」이다. 이 두 가지 엔진을 갖고 얀마는 고출력 산업용 엔진 시장에 참여한다.

유럽의 차기(19년 적용) 배출가스 규제인 EU Stage V에 대응 하며 최고출력은 155kW. 고출력 밀도를 실현하기 위해서 고강성 엔진으로 설계했다. 그리고 「4TN107」에는 2스테이지 터보 사양을 설정해 동급 최고의 고출력 밀도인 34kW/ℓ를 발휘한다.

디젤 엔진의 지위는 산업기계의 동력원으로는 어쩌면 절대적인 것 같다.

얀마 주식회사
엔진사업본부
소형엔진총괄부 개발부
시험부
제4기술그룹 그룹리더

유키 류
Ryo YUKI

얀마 주식회사
엔진사업본부
소형엔진총괄부 개발부
육상용
제1기술부

오노데라 다카유키
Takayuki ONODERA

최신 테스트 벤치를 통한 커먼레일용 인젝터 시험 모습. 테스트 연료로 가득 찬 투명 실린더 안으로 인젝터가 돌출되어 있고, 그 끝에서 연료가 분사되는 모습을 볼 수 있다 (분사 궤적은 캐비테이션 현상에 의한 것). 분사된 양만큼 실린더에서 밀려난 연료를 계량기로 유도해 0.01mm²(1/00 리터) 단위로 계측한다. 시험에 이용하는 테스트 연료는 지정된 성질과 상태를 갖는 전용 물질이다.

최신 테스트 벤치를 통한 고압 인젝터의 정량 진단

현대의 디젤 엔진에 이용하는 고압 인젝터는 요구되는 뛰어난 정확도로 인해 보수·수리하는 현장에서는 블랙박스처럼 취급하는 경우가 많다. 그런 가운데 눈에 띄게 구별되는 대처를 하는 곳이 리빌드 부품 전문기업으로 알려진 쇼와이다.

본문&사진 : 다카하시 잇페이 사진 : MFi

몇 천 기압이나 되는 초고압을 몇 만분의 1초 이하인 초단기 단위로 제어하는 디젤 엔진의 연료분사 기술. 그것은 고도화가 진행 중인 현대의 전자제어 기술의 정수라고 할 만한 것으로, 가솔린 엔진의 전자제어 인젝션화가 그랬듯이 디젤에 큰 발전을 불러왔다.

그 대표 주자가 승용차용 소형 디젤에 널리 사용되는 커먼레일이지만, 대형 디젤 엔진용도로도 유닛 인젝터(캠을 구동하는 펌프와 인젝터가 하나가 된 것)라는 형태로 전자제어화가 진행되었다. 그리고 이런 발전이 고출력과 환경성능 향상 등과 같은

주식회사 쇼와
대표이사

가와카미 히로유키
Hiroyuki KAWAKAMI

혜택을 불러온 사실은 두 말할 필요도 없지만, 그런 한편으로 보수정비 현장까지 변화를 불러오게 된다.

애초에 연료제어 계통 부품은 전자제어로 바뀌기 전부터 디젤의 중추라고 할 수 있다. 연료제어 계통의 부품은 정확도가 중요했기 때문에 보수를 할 때도 일반 정비공장에서 분해·정비하는 것이 아니라 전문공장(또는 제조사)에 맡겨 왔다.

이번에 취재에 나선 「쇼와」는 전자제어 전의 열형(列型) 펌프가 전성기였던 시절부터 디젤 연료제어 컴포넌트를 손대온, 말하자면 이 분야의 풀뿌리 같은 존재이다.

「예전에는 펌프가 주체였지만 전자제어로 바뀐 현재는 인젝터가 주역이 되었죠」(쇼와 가와카미 대표)

쇼와가 펼치는 정비는 리빌드이다. 중고부품을 바탕으로 완벽한 세정과 처리, 정비와 조정을 거친 뒤 새 제품과 동등한 성능을 확보한 것만을 제품으로 취급한다. 이것을

사용자가 갖고 오는 중고부품과 교환하는 방식이 기본이다(쇼와에 준비되어 있지 않은 특수한 부품들은 갖고 온 부품을 정비해주기도 한다).

그런데 이 리빌드라고 하는 말의 정의에는 애매한 부분도 있다. 따라서 리빌드 부품의 성능 품질에는 업자에 따라 차이가 좀 있는데, 쇼와에서는 (펌프 등 리빌드 대상 부품의) 제조 메이커가 정한 표준품질(스탠다드)에 맞춘 리빌드를 해오고 있다.

쇼와가 항상 근거로 삼아온 것이 "정량평가"이다. 이 정량평가의 원천인 수치(정량지표)와 기술을 얻기 위해서 많은 제조사와 인증공장으로서의 관계를 맺으면서 오래 전부터 지정 테스트 장비 등을 적극적으로 도입해온 역사를 갖고 있다.

그리고 그런 흐름은 전자제어로 바뀐 현재도 똑같지만, 오늘날의 디젤 연료제어는 초고압과 초고응답성이라는 요소가 얽혀 있는 만큼 테스트 장비에도 상당한 고도의

일본 최초로 도입한 카본ZAPP사 제품의 커먼레일용 인젝터용 테스트 장비인 「MTB R」. 고압 펌프(전동 구동)와 커먼레일을 갖추고 있어서 최대 4실린더(4개)의 인젝터를 실제 가동상태처럼 시험할 수 있다. 연료가 채워진 실린더 안으로 연료를 분사하는 방법을 통해 고압분사를 안전하게 다루면서 그 상태를 눈으로 확인할 수 있다.

리빌드 용도의 중심은 대형 디젤 엔진용

시험결과 출력 모습. 좌측 끝은 솔레노이드 코일의 인덕턴스와 저항값. 중앙과 우측 끝은 각 소선의 분사량[D]과 복귀량[R], 4실린더 각각의 수치와 그래프를 나타낸 것이다. 그래프 색은 판정을 나타낸다. 기준범위에 들어가는 우량품은 청색으로, 사용 한도값 이내인 것은 녹색으로 나타낸다.

대형트럭 등에 사용하는 유닛 인젝터(펌프 일체식)용 테스트 장비(델파이 제품). 승용차보다 훨씬 많이 주행하기 때문에 이런 종류의 인젝터는 리빌드 사용이 일반적이다. 쇼와에서는 성능을 정량평가하면서 리빌드하고 있다.

기술이 요구된다. 정량평가를 위해서는 평가 대상인 부품을 실제 가동조건 하에서 작동시킬 필요가 있는데, 모두에서 언급했듯이 현재의 디젤용 인젝터에 있어서 제어 대상이 되는 연료 압력은 몇 천 기압이나 된다. 때문에 이 압력을 재현하는 것만도 쉽지 않을 것이라는 사실은 미루어 짐작할 수 있다.

쇼와에서는 대형 디젤 엔진에 이용할 수 있는 전자제어 방식 유닛 인젝터용 테스트 장비를 도입해 이 부품을 리빌드하고 있다. 이 외에 최근 승용차에서 폭넓게 사용되는 커먼레일용 인젝터 평가 테스트 장비도 일본 최초로 도입한 바 있다.

이를 통해 지금까지 평가 방법이 없어서 블랙박스처럼 취급되어 온(이것이 전자 제어화에 따른 변화 가운데 한 가지이기도 하다) 커먼레일용 인젝터를 정량평가로 좋고 나쁨을 판정할 수 있게 되면서 효율적인 수리가 가능하다고 한다.

구체적으로 말하면 지금까지는 인젝터에 이상 의심이 있으면 모든 인젝터를 교환했지만, 이런 장비를 도입함으로써 의심이 가는 부분을 특정할 수 있어서 필요한 인젝터 교환하면 되는 것이다.

인젝터는 비싼 만큼 사용자의 부담경감 측면에서도 큰 장점이 아닐 수 없다. 많은 제조사와 제휴를 맺고 있는 쇼와는 경우에

따라서는 수리 대응도 가능하다고 한다 (피에조 방식 인젝터는 기본적으로 수리가 어렵기는 하지만 세정한 상태에서 성능 확인까지는 가능하다).

디젤뿐만 아니라 엔진과 관련된 기술에 있어서 정량평가는 기본이다. 이런 기본에 충실히 임한다는 쇼와의 자세는 제품 품질에서도 확실히 나타난다.

터보 리빌드에 있어서도 풀뿌리 같은 존재

쇼와는 터보 리빌드로도 많이 알려져 있다. 원래 디젤 엔진용 연료펌프를 손댔던 쇼와는 보쉬 등의 인증공장으로서 제조사 표준품질로 리빌드 해온 경험을 바탕으로 터보에서도 똑같은 체제 하에 기술을 축적해 왔다. 보그워너, 하니웰(가렛)의 인증공장이기도 해서 사용자가 갖고 오는 물건도 수리해 준다. 우측 끝의 사진은 작업대에 있는 터보 고정용 플레이트. 무수한 구멍이 오랜 경험을 대변하고 있다.

EPILOGUE

본문 : 마키노 시게오

디젤 엔진의 가까운 미래

연료는 더 유연하게

원유정제 단계에서 필연적으로 발생하는 중간 유분(留分)을 다양하게 개질(改質)한 뒤 그것을 혼합해서 만든 것이 가솔린이다.
경유는 일정한 양이 발생하는데, 약간의 개질로 디젤 엔진에 사용한다.
이런 상식이 조금 바뀌면 디젤 엔진의 모습도 바뀐다.

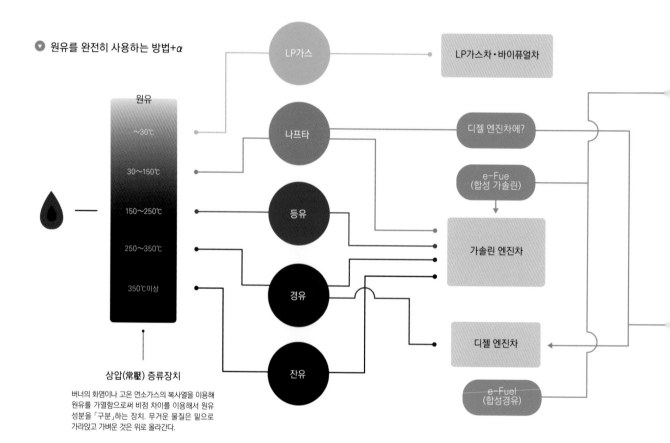

🔻 원유를 완전히 사용하는 방법+α

상압(常壓) 증류장치
버너의 화염이나 고온 연소가스의 복사열을 이용해
원유를 가열함으로써 비점 차이를 이용해서 원유
성분을 「구분」하는 장치. 무거운 물질은 밑으로
가라앉고 가벼운 것은 위로 올라간다.

일본에서는 전동차만 주목 받으면서 대체연료 이야기가 쏙 들어갔다. 하지만 미국에서는 대형 트럭에 LNG(액화천연가스)를 사용하는 업체도 나타났다. 유럽에서는 풍력이나 전력을 사용해 물을 전기분해한 다음 여기에 CO_2를 반응시켜 메탄(CH_4)을 얻는 실증실험이 시작되었다.

또 마찬가지로 환경에 부담을 덜 주는 전력으로 물을 전기분해해 메탄이 아니라 가솔린에 사용하기 쉬운 메탄올(CH_3OH)을 얻은 다음, 이것을 바탕으로 합성 가솔린을 만드는 구상도 시작되었다.

이런 것들은 연료 자체를 카본 프리로 했을 때 내연기관이라는 인프라 가치가 완전 다르게 바뀌는데 더 눈을 돌려야 하는 거 아니냐는 것이다.

위 차트는 원유에서 어떤 물질을 얻을 수 있고 어떻게 자동차 연료로 이용하는지에 대한 흐름을 간략히 나타낸 것이다. 경유(디젤 연료)는 등유와 경유를 각각 수소화 정제한 뒤 잔유성분(중유를 포함)에서 유황성분을 제거하거나 플러싱한 것을 혼합해서 만든다.

일본에서는 유황성분 10ppm 이하의 경유가 유통된다. 등유도 수소화 정제 단계를 거쳐서 제품에 이르지만, 여기에 나프타에서 유래한 재료를 첨가하면 제트 연료(케로신=JP4/JP5)가 된다. 자동차용 가솔린보다 제트 연료 쪽이 휘발성이 낮다.

가솔린의 정제과정은 조금 복잡한 편이다. 나프타를 수소화 정제한 재료를 바탕으로 플러싱이나 접촉분해 같은 공정을 거친 잔유성분을 추가한 다음, 알킬레이션이라고 하는 개질공정을 거친 재료와 혼합한다. 공정이 복잡하다는 것은 공전 내에서 발생하는 CO_2가 경유보다 많다는 것을 의미한다. 그러나 원유를 가열해 증류하면 반드시 일정량의 LP가스·나프타·등유·경유·잔유가 발생하기 때문에 이것들은 남기지 않고 사용할 필요가 있다.

현재 세계적으로 남아도는 물질이 나프타이다. 가장 큰 이유는 셰일 가스가 풍부하게 산출되고 있기 때문이다. 예전에 나프타는 에틸렌 등과 같은 화학제품 재료로 많이 쓰였지만 현재는 남아도는 형편이다. 하지만 원래가 등유보다 가벼운 성분에다가 가솔린의 주요 원료이다.

자동차에 안 쓸 방법이 없다.

남아도는 나프타 때문에 일본의 석유업계도 골머리를 앓고 있다. 나프타 95%+경유5% 비율로 만든 디젤 연료를 실험했더니 IMEP(Indicated Mean Effective Pressure=도시 평균 유효압력)가 높은 연소를 얻을 수 있었다. EGR비율을 바꾸어서 실험했더니 EGR비율 29%일 때 IMEP는 최대가 나왔다. 게다가 경유 같은 경우는 IMEP 750kPa 부근에서 NOx 생성이 급증하는데 반해 100% 나프타일 때는 그 부근

에서 NOx 발생이 최소가 된다. 착화를 촉진시키는 불씨를 만들기 위해서 경유를 5% 정도 넣어도 화학양론(이론공연비)에서의 운전이 가능하기 때문에 공기를 과도하게 넣을 필요가 없다고 한다. λ=1로 운전할 수 있는 압축 자기 착화의 디젤 엔진에다가 삼원촉매까지 사용할 수 있다. 여기까지는 실험실 단계에서 확인된 것이라고 한다.

문제는 나프타의 취급이다. 경유는 일본 전국 구석구석까지 유통되고 있지만 여기에 경유를

◆ CO₂에서 연료를 만든다.

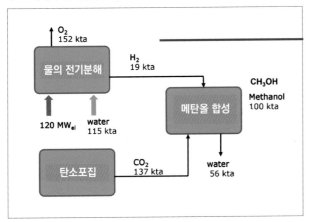

◆ 사우디아라비아산 원유 제품의 획득비율 사례

	원유	Super Light	Extra Light	Light	Medium	Heavy
제품 획득 비율 (%)	나프타(가솔린)	37	22	29	19	16
	케로신(등유)	26	26	19	17	15
	경유	19	19	18	17	16
	중유	18	36	44	47	53

양질유로 유명한 아라비안나이트 안에서도 특히 가벼운 슈퍼 라이트는 증류를 하면 경질성분을 많이 얻을 수 있다. 반대로 중질성분은 적다. 위 표는 분해 장치를 사용하지 않는 증류단계의 숫자로서, 가솔린은 각 성분을 더 개질해서 만든다. 또 공장 등에서 배출되는 CO₂를 포집해 재생가능 에너지에서 얻는 전력으로 물을 전기분해한 뒤 메탄올을 정제하고 나서 이것을 개질함으로써 가솔린/경유를 만드는 구상도 진행되고 있다(좌).

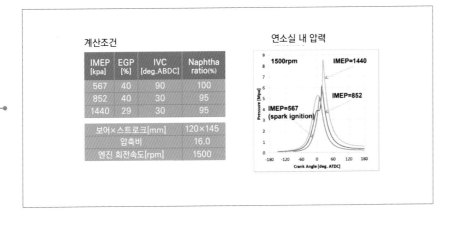

◆ 나프타를 연료로 사용하면…

왼쪽 표와 그래프는 석유제조원에서의 시험값. 압축 착화인 디젤 엔진을 나프타 95% : 경유 5% 비율인 연료로 운전하면 큰 연소압력을 얻을 수 있다. 나프타는 주요 원료로, 경유는 착화촉진 연료로 사용하면 이론공연비에서의 운전이 가능해져 디젤 특유의 산소과잉 연소가 일어나지 않게 할 수 있다. 그 때문에 가솔린차처럼 삼원촉매를 사용할 수 있어서 약점이었던 NOx 발생을 훨씬 낮출 수 있다고 한다. 화학제품의 원료인 나프타는 현재 셰일 오일의 대량 공급으로 인해 남아도는 상태로서, 일본에서는 안정적인 공급이 가능하다. 원유성분을 적절히 소비하는 수단으로도 주목 받고 있다.

5% 섞는, 즉 N(Naphtha)95라고 하는 새로운 연료를 어떻게 유통시킬 것이냐는 문제가 있는 것이다. 개인적으로는 미국 횡단트럭이 물류 중계도시를 중심으로 한 LNG 스테이션망 구축을 시도했듯이 간토~도카이~중부~오사카를 잇는 노선에서 운용을 실험해 보는 방법이 있다고 생각한다. 필요한 것은 그에 따른 예산과 「해보겠다는 의지」이다.

일본어에 「MOTTAINAI=애석하다」라는 표현이 아마도 영어 등에는 없을 것 같지만, 「이콜로지(생태계)」가 「이코노미(경제적·싸게 먹힘)」와

유사한 표현이라고 친다면 기존의 이코노미를 무너뜨릴 만한 잉여물질을 유용하는 시도로는 가치가 있다고 생각한다. 게다가 석유업계는 미래에도 경유수요는 증가할 것이라는 전망을 갖고 있다. 트럭물류뿐만 아니라 선박 디젤을 사용하는 해운 수요도 늘어날 것이기 때문이다.

마찬가지로 재생가능 에너지를 사용한 합성 연료도 유익하기는 하지만, 불행하게도 전력을 저장하는 일이 어렵다. 전력에서는 만드는 쪽에서 사용하는 것이 가장 효율이 높다. 전력을 물의 전기분해에 사용해 수소를 얻는다. 이것을

다방면으로 이용한다. 현재로선 석탄 화력이 남기 때문에 거기서 수소를 얻으면 본말이 전도될 수밖에 없지만, 인류는 과잉 배출된 CO₂를 연료 합성에 사용하는 방법을 확립해 놓는다고 해서 손해를 볼 일은 없다. 일본에서도 과거에 DME나 GTL 같은 대체연료가 규격화된 적이 있지만 전부 다 햇빛을 보지 못하고 사라진 적이 있다. 이것이야 말로 「애석하다」고 할 수밖에 없다.

Motor Fan illustrated

Vol 1 친환경자동차

Vol 2 F1 머신
하이테크의 비밀

Vol 3 엔진 테크놀로지

Vol 4 하이브리드의 진화

Vol 5 트랜스미션
오늘과 내일

Vol 6 가솔린 · 디젤
엔진의 기술과 전략

Vol 7 튜닝 F1 머신
공력의 기술

Vol 8 드라이브 라인
4WD & 종감속기어

Vol 9 자동차 디자인

Vol 10 조향 · 제동 쇽업소버

Vol 11 전기 자동차 기초 &
하이브리드 재정의

Vol 12 신소재 자동차 보디

Vol 13 타이어 테크놀로지

Vol 14 자동변속기 · CVT

Vol 15 디젤 엔진의 테크놀로지